甜菜与褐斑病尾孢菌互作的

分子基础

丁广洲◎等著

黑龙江大学出版社
HEILONGJIANG UNIVERSITY PRESS
哈尔滨

图书在版编目（CIP）数据

甜菜与褐斑病尾孢菌互作的分子基础 / 丁广洲等著
. -- 哈尔滨：黑龙江大学出版社，2023.10
ISBN 978-7-5686-1032-2

Ⅰ．①甜… Ⅱ．①丁… Ⅲ．①甜菜－褐斑病－尾孢属
－防治 Ⅳ．① S435.663

中国国家版本馆 CIP 数据核字（2023）第 170259 号

甜菜与褐斑病尾孢菌互作的分子基础
TIANCAI YU HEBANBING WEIBAOJUN HU ZUO DE FENZI JICHU
丁广洲　等著

责任编辑　于晓菁　俞聪慧
出版发行　黑龙江大学出版社
地　　址　哈尔滨市南岗区学府三道街 36 号
印　　刷　天津创先河普业印刷有限公司
开　　本　720 毫米 ×1000 毫米　1/16
印　　张　15.5
字　　数　253 千
版　　次　2023 年 10 月第 1 版
印　　次　2023 年 10 月第 1 次印刷
书　　号　ISBN 978-7-5686-1032-2
定　　价　62.00 元

前　言

　　甜菜是我国重要的经济作物。甜菜褐斑病是限制生产和蔗糖含量提高的主要因素之一。有学者曾建立了甜菜褐斑病的快速分子检测技术，为甜菜产业高质量绿色发展奠定基础。

　　作物与病原体相互作用，可以促进病原体在作物的组织、器官表面及内部形成群落。作物对病原体的抵抗是通过多种保守的、分化后特有的抗病机制，这些抗病机制以差异化的速度不断进化，这种进化呈现出半往复式循环的时空演替趋势。植物激素信号通路之间的串联主导了许多植物物种的防御反应，并且对信号通路与对特定刺激的反应之间的平衡有重要影响。介导植物防御反应的植物激素构成了植物体内相互作用的内源信号分子，其中，水杨酸和茉莉酸是主要的植物激素，其介导的信号通路具有广泛的相互作用。开展甜菜与病原体互作的相关研究，可以探究病原体在组织细胞内定殖的策略、甜菜亲和与非亲和基因模块的建立，弄清甜菜特定基因调控模式下的细胞应激反应过程和防御响应机制，为甜菜个体抗病性遗传研究和群体抗病性调控实践奠定理论基础。

　　笔者从东北主要甜菜种质资源中鉴定和选育了多个甜菜褐斑病抗性材料，对我国东北主要甜菜种质资源进行了综合鉴定与评价分析；从甜菜基因组中分离鉴定了甜菜 *NBS-LRR* 基因家族；通过甜菜褐斑病抗感材料转录组数据，分析甜菜 *NBS-LRR* 基因家族中可能的抗甜菜褐斑病候选基因，并对甜菜抗褐斑病的信号转导途径进行了分析和验证；开展了甜菜 *MAPK* 基因家族成员的抗性相关基因及甜菜尾孢菌胁迫下的表达研究；克隆了甜菜广谱性抗病 *Mlo* 基因，并进行了甜菜褐斑病抗性相关基因的表达分析；分离鉴定了甜菜 *BTB* 基因家族，开展了与甜菜褐斑病抗性相关基因的表达研究。

本书第 1 章由丁广洲、邹锋康、宋贺执笔,第 2 章由陈柳宏、丁广洲执笔,第 3~5 章由宫云鹤、丁广洲执笔,第 6 章由马子淞、丁广洲执笔,第 7 章由陈柳宏、丁广洲执笔,第 8 章由杨巧、刘宇、丁广洲执笔。全书由丁广洲统稿修订。

　　由于水平有限,书中难免存在遗漏和错误之处,敬请广大同人批评指正。

目　　录

1　绪论 ……………………………………………………… 1

　　1.1　甜菜尾孢菌的病理学概述 ……………………… 4

　　1.2　甜菜褐斑病概述 ………………………………… 6

　　1.3　甜菜褐斑病的防治策略 ………………………… 9

　　1.4　甜菜褐斑病的抗病反应机制 …………………… 13

　　1.5　抗甜菜褐斑病种质资源的开发与利用 ………… 15

　　参考文献 …………………………………………… 19

2　我国东北主要甜菜种质资源的鉴定与评价分析 ……… 27

　　2.1　研究背景 ………………………………………… 29

　　2.2　材料与方法 ……………………………………… 30

　　2.3　结果与分析 ……………………………………… 34

　　2.4　讨论与结论 ……………………………………… 45

　　参考文献 …………………………………………… 47

3　甜菜 NBS-LRR 基因家族的鉴定与分析 ……………… 51

　　3.1　研究背景 ………………………………………… 53

　　3.2　材料与方法 ……………………………………… 55

　　3.3　结果与分析 ……………………………………… 57

　　3.4　讨论与结论 ……………………………………… 66

　　参考文献 …………………………………………… 69

4 甜菜褐斑病抗感材料的转录组数据分析 ········· 75

    4.1 研究背景 ········· 77

    4.2 材料与方法 ········· 78

    4.3 结果与分析 ········· 81

    4.4 讨论与结论 ········· 95

    参考文献 ········· 98

5 基于转录组学的甜菜抗褐斑病信号转导途径分析 ········· 103

    5.1 研究背景 ········· 105

    5.2 材料与方法 ········· 107

    5.3 结果与分析 ········· 111

    5.4 讨论与结论 ········· 116

    参考文献 ········· 118

6 甜菜 *MAPK* 基因家族的抗性相关基因及甜菜尾孢菌胁迫下的表达研究 ········· 123

    6.1 研究背景 ········· 125

    6.2 材料与方法 ········· 129

    6.3 结果与分析 ········· 135

    6.4 讨论与结论 ········· 148

    参考文献 ········· 150

7 甜菜褐斑病抗性相关 *Mlo* 基因克隆与表达分析 ········· 161

    7.1 研究背景 ········· 163

    7.2 材料与方法 ········· 166

    7.3 结果与分析 ········· 174

    7.4 讨论与结论 ········· 191

    参考文献 ········· 196

8　甜菜 *BTB* 基因表达与甜菜褐斑病抗性的相关分析 ……………… 203

　　8.1　研究背景 ……………………………………………………… 205

　　8.2　材料与方法 …………………………………………………… 206

　　8.3　结果与分析 …………………………………………………… 211

　　8.4　讨论与结论 …………………………………………………… 228

　　参考文献 …………………………………………………………… 230

附　录 …………………………………………………………………… 235

1　绪论

甜菜是糖料作物,也是经济作物,在保障食糖供应、促进经济发展方面发挥着举足轻重的作用。我国甜菜种植面积较大。甜菜产量占我国糖料作物产量的比例较大,黑龙江等地是甜菜主要生产地。

国家统计局数据(图 1-1)显示:2020 年我国甜菜产量为 1 198.4 万吨,比 2012 年甜菜产量增加了 321.2 万吨;甜菜产量占糖料作物产量的比例从 2012 年的 7.04%增加到 2020 年的 9.98%。

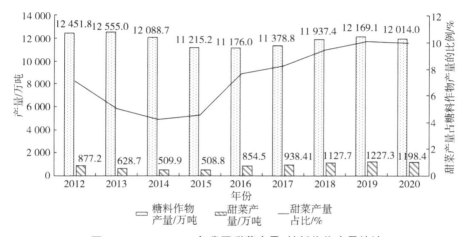

图 1-1   2012~2020 年我国甜菜产量、糖料作物产量统计

最初,有学者发现白甜菜块根和红甜菜块根中的蔗糖化学组成与昂贵的热带甘蔗完全相同。后来,有学者发现圆锥形白饲料甜菜的含糖量较高,并尝试将圆锥形白饲料甜菜用于制糖。

在过去的栽培驯化中,不断的育种选择使甜菜含糖量不断增加。不育性细胞质的发现和运用为甜菜高产杂交品种的选育提供了可能。改良育种方法和栽培措施可以显著提高甜菜产量和产糖量,但环境因素(如非生物胁迫和生物胁迫)仍在持续不断地影响甜菜生长。

甜菜较常见、具有破坏性的叶部病害是甜菜褐斑病。甜菜褐斑病在温暖潮湿的生长区域的危害较严重。甜菜褐斑病的主要危害是造成甜菜块根蔗糖的损失;在不受控制的中等到高等程度的病害流行地块,甜菜蔗糖量损失高达50%。对于受甜菜褐斑病危害的甜菜,杂质的增加使蔗糖回收过程变得复杂,导致加工成本提高,可提取蔗糖量减少,块根在冬季贮藏堆中也更易发生腐烂。

甜菜褐斑病是由甜菜尾孢菌引起的真菌性病害,被认为是世界上危害较大的甜菜叶部病害之一。甜菜被尾孢菌感染后,发病叶片会出现大小不均的圆斑,圆斑大小因品种及外界条件不同而异,中央呈黑褐色或灰色,边缘呈紫褐色或红褐色。甜菜褐斑病通常自下部老叶开始发病,逐渐向上部蔓延;病斑逐渐扩大成圆形,然后变薄变脆,容易破裂或穿孔脱落。在雨后或多露天气,病斑上可产生灰色霉状物。甜菜褐斑病可使块根产量降低,含糖量降低。甜菜尾孢菌菌丝团活力强,在春季温度、湿度适宜的条件下易产生分生孢子,借风雨传播,具有环境发生的适宜性和侵染的不确定性,给田间防治带来较大困难。

1.1 甜菜尾孢菌的病理学概述

1.1.1 甜菜尾孢菌的分布及寄主范围

有学者将甜菜尾孢菌描述为尾孢属中的一个物种,该学者还提出了早期分布图。目前,甜菜尾孢菌已经在甜菜生产中引发人们关注。后来,有学者公布了更详细的分布研究结果,并证实甜菜尾孢菌已经在多数甜菜产区中传播。

有学者在关于甜菜褐斑病的分布和危害程度的调查中发现,甜菜褐斑病正在蔓延,发病率高,对很多甜菜种植区域都产生了不利影响。我国黑龙江省(西部、中东部)、吉林省、辽宁省等甜菜产区都有甜菜褐斑病发生。

甜菜尾孢菌寄主范围较广泛,主要感染苋科甜菜属植物。甜菜尾孢菌还可以感染许多的藜科植物,如藜属、滨藜属等杂草。这些藜属、滨藜属杂草接种病原体后会出现叶斑。关于甜菜尾孢菌病原分离和接种的鉴定鲜有报道。

1.1.2 甜菜尾孢菌的生物学特性

甜菜尾孢菌属半知菌亚门尾孢属。甜菜尾孢菌的菌丝呈暗色,在寄主表皮下集成垫状的菌丝团,上面丛生褐色的分生孢子梗,分生孢子生于分生孢子梗前端。分生孢子梗从气孔伸出,一般不分枝,呈屈膝状。孢子无色,鞭状,顶端尖狭,基部较粗,一般含有 6~11 个分隔。分生孢子壁光滑,透明针状,从截形基部逐渐变细。甜菜尾孢菌的菌丝体基质发育不健全,菌丝呈透明至浅橄榄棕色,细胞间有隔膜,直径为 2~4 μm,在寄主的体腔下形成假基质;分生孢子团从中产生,且只从气孔中出现。甜菜尾孢菌在低于 10 ℃ 的温度下不活跃,在 12~37 ℃ 下可侵染,环境温度为 37 ℃ 以上或 5 ℃ 以下时停止发育。当相对湿度为 98%~100% 时,产生分生孢子的最佳温度为 20~26 ℃。当相对湿度保持在 96% 以上、每天保持 10~12 h、持续 3~5 d、温度保持在 10 ℃ 以上时,甜菜尾孢菌可大量繁殖并引起严重病害。

甜菜尾孢菌分生孢子在低温、低湿条件下可存活 8 个月至 1 年,在温暖潮湿条件下很快萌发直至死亡。附着在种球表面和在堆肥中的分生孢子只能生存 1~2 个月。由于分生孢子对外界环境的抵抗力较弱,所以不是越冬的主要形式。菌丝团的生活力强,在自然条件下可在病组织中存活达 2 年;当在堆肥中或深翻入土 20 cm 以下时,4~5 个月后菌丝团即死亡。

1.1.3　甜菜尾孢菌的分类及鉴定

甜菜尾孢菌是没有有性生殖阶段的丝状真菌。基于具有有性生殖阶段的尾孢属的 rDNA 序列,甜菜尾孢菌被认为不属于现有的尾孢属的任何一系。甜菜尾孢菌的无性生殖阶段也不像其他尾孢属的真菌那样具有一定的属性特征。甜菜尾孢菌和同属的真菌产生的尾孢毒素在理论上可以成为有用的分类依据,但在不同品种之间以及不同培养基培养的过程中,尾孢毒素表达的变化量太大,无法用于精细的分类。由于甜菜尾孢菌缺乏有性生殖阶段,研究人员推测菌丝融合或特殊的繁殖方式会促使甜菜尾孢菌发生基因重组,这就解释了自然群体间的甜菜尾孢菌基因发生的分离组合现象。有研究表明,施用杀菌剂后,一些甜菜尾孢菌种群会开始变异,产生一定的抗药性,这可能与甜菜尾孢菌的基因不断发生重组有关。

有学者通过从自然群体的甜菜尾孢菌分离的单孢子的 AFLP 进行对比分析,结果表明,甜菜尾孢菌发生了大量的变异。有学者对甜菜尾孢菌进行再培养后,通过脉冲场梯度电泳分析发现甜菜尾孢菌染色体的重组。甜菜尾孢菌的这种突出的基因重组性,加上相关的尾孢属 rDNA 区保守序列的多样性,导致了目前尾孢属分类学的混乱。

前人是通过肉眼观察来鉴定评价的,这种方法对甜菜尾孢菌早期侵染无法识别,对中期染病级别判断不准确且存在主观性。随着科学技术的不断发展,分子鉴定和生理指标鉴定逐渐走向成熟,并以快速、灵敏、准确的优势逐渐代替了肉眼鉴定。目前甜菜尾孢菌鉴定的方法有许多。有学者以 PCR 技术为基础,提出了一种鉴定甜菜尾孢菌早期侵染的方法。该方法是把甜菜叶片 DNA 纯化后,将提取的片段加入 PCR 反应中,并利用甜菜尾孢菌基因特异性进行扩增,扩增产物的片段大小与从甜菜尾孢菌培养物中提取的 DNA 片段大小关联,从而鉴定甜菜尾孢菌。有学者建立了一种基于高光谱反射率的植物病害的早期检测与分类方法,使甜菜症状出现之前就可以实现早期预测,对甜菜健康叶片和病叶的分类的准确率达到了 97%。研究表明,高光谱成像对甜菜褐斑病感染预测的准确率可达 98.5%~99.9%。有学者还提出了一种快速检测甜菜组织中甜菜尾孢菌的 PCR 方法。有学者将图像分析软件和 qPCR 方法相结合,对不同阶段甜菜尾孢菌生物量进行定量检测,该方法可用于甜菜褐斑病早期感染的鉴定和评估,为高效准确鉴定甜菜褐斑病提供了有效手段。研究表明,高光谱成像能通过客观、精确的植物表型鉴定,快速可靠地区分甜菜褐斑病的动态和病变;robust 模板匹配和模式识别技术可以对田间甜菜褐斑病进行监测。

1.2 甜菜褐斑病概述

1.2.1 甜菜褐斑病的症状

甜菜褐斑病的典型病症是在叶片表面产生直径为 0.2~0.5 cm 的随机分布的病斑[图 1-2(a)]。病斑中央是黑色的孢子梗结构(假子座),孢子梗会产生分生孢子[图 1-2(c)]。甜菜尾孢菌的成熟孢子散逸后,通过气孔进入寄主体内,最开始定殖在寄主组织时表现为无症状。患病组织发生病变后,病变部位通常会被一个独特的红棕色环所包围[图 1-2(b)]。叶片和叶柄都可能发生病变。与其他叶部病害真菌不同,甜菜尾孢菌产生的病变会从一点开始坏死并向外扩展,最后造成大面积的坏死,即初始感染的组织坏死后,病变部位会持续扩大,造成叶部坏死面积增加。随着病害的发展,病斑会合并形成更大的坏死区域,导致严重感染叶片的枯萎死亡。重度病变和植物毒素积累的共同作用,使叶片完全坏死。在病原体侵染的过程中,老叶往往最先表现症状;随着病情的发展,幼叶开始感染,功能叶片的坏死导致甜菜植株不断地重新发育新的功能叶片,从而满足植株个体的生长需要。

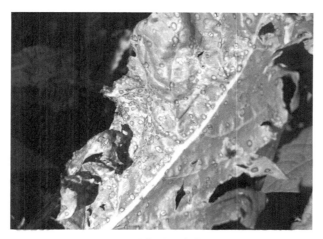

(a) 甜菜褐斑病病叶

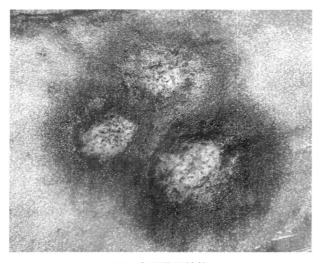

(b) 病斑微观结构

（c）产生的分生孢子

图 1-2　甜菜褐斑病发病症状

1.2.2　甜菜褐斑病的侵染规律

甜菜褐斑病的致病因子（甜菜尾孢菌），能够于有利条件下在一个季节内完成几个无性生长周期。在甜菜生长季节之间，甜菜尾孢菌主要以抗干燥的菌丝结构存活在受感染的植物残留物的叶片体下腔中。这些特殊的越冬结构被称为假基质，它们由真菌组织和寄主组织的残余物组成，这些假基质是初始接种物的主要来源。甜菜褐斑病的初侵染来源还可以是带病的种子、带有菌丝团的病残体、分生孢子、其他带菌的野生寄主植物等。

甜菜褐斑病的发生一般是由于分生孢子通过风、雨、昆虫或灌溉水飞溅到甜菜叶上。有学者认为，甜菜根可能也是感染部位。甜菜幼苗裸露的根会直接接触甜菜尾孢菌的分生孢子，移栽后几天就会发生甜菜褐斑病。甜菜尾孢菌侵染后的定植部位主要在叶片的背面，叶片的背面具有比正面更多的气孔。甜菜尾孢菌能最大限度地延长菌丝，然后通过开放的气孔侵入叶的薄壁组织。寄主叶片、叶脉或叶柄表面的分生孢子在高温和湿润的适宜条件下会萌发，在侵染前向气孔生长。在通过气孔进入叶片内部后，真菌菌丝会在薄壁组织等结构中增殖,并在细胞间生长。菌丝分枝附近产生的毒素会使细胞坏死,进而夺取营养物质。组织坏死主要发生在叶片背面,坏死的叶片又会成为分生孢子梗和分生孢子发育的场所。分生孢子随着风、雨传播,又开始新一轮的侵染。甜菜尾孢菌的侵染循环如图 1-3 所示。

甜菜尾孢菌的分生孢子侵袭甜菜产区后,需要经过几天的潜伏期。在野生条件下,分生孢子的形成周期大约为 12 天。首先在寄主病部产生病斑,病斑上又产生分生孢子,分生孢子又借风、雨传播,进行循环侵染,使病害得以蔓延和扩展。关于分生孢子在保持生存能力的同时可以扩大传播的距离的研究鲜有报道。

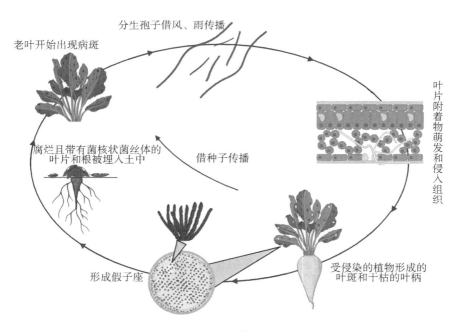

图 1-3 甜菜尾孢菌的侵染循环

1.3 甜菜褐斑病的防治策略

甜菜病害是影响甜菜品质的主要因素,其中,甜菜根腐病、甜菜褐斑病、甜菜丛根病危害性较大。良好的防治策略是减轻甜菜病害的有效途径。下面介绍甜菜褐斑病的防治策略。

1.3.1　农业防治

　　提高对甜菜褐斑病的抗性一直是遗传学家和育种学家的努力方向。甜菜抗褐斑病品种的选育为甜菜褐斑病防治提供了新的手段,并得到了广泛的应用。研究表明:抗病品种在病害重度流行的地区表现出了很好的抗病效果;与没有抗病能力的普通品种相比,抗病品种的病斑较小,叶片患病的概率低,即使在传染源很充足的情况下,也不会形成大块的病斑,受病害影响较小。种植抗病品种是防治甜菜褐斑病较方便、有效的途径。目前,研究人员育成的商用品种大多只有中等抗性水平,多数品种的抗病性介于父本和母本之间,有时低于双亲的平均值,既高产又抗甜菜褐斑病的品种一般很难育成。

　　关于抗甜菜褐斑病的机理鲜有报道。研究人员通常认为甜菜褐斑病抗病性遗传属于数量性状,该性状由 4～5 对或更多基因控制。分生孢子的感染率、潜伏期的长短、坏死斑的大小和孢子的产量都显著影响抗性效果。随着分子标记技术的发展和应用范围的扩展,更多具有抗性的基因被标记、定位,这为选择抗甜菜褐斑病的育种资源提供了高效、快捷的方法,使培育既高产又抗甜菜褐斑病的品种成为可能。有学者对甜菜抗性基因 *AtChitinase*1 和 *AtChitinase*2 进行了克隆,获得了 2 个抗甜菜褐斑病基因。有学者以根瘤菌为载体,在甜菜中克隆表达了基因 *CFP*,并验证基因 *CFP* 能增强甜菜品种对褐斑病的抗性。有学者利用转化法成功培育出了具有抗甜菜褐斑病基因 *CFP* 的甜菜品种。有学者对第 1 代转 *RIP* 基因甜菜的抗甜菜褐斑病性能和生理特性进行了研究,结果表明,*RIP* 基因能提高抗甜菜褐斑病能力,对甜菜的生长和生理代谢无不良影响。

　　甜菜褐斑病的初侵染源主要是带有菌丝团的病残体、母根根头和种子(种球),以及带菌的野生寄主。农业防治甜菜褐斑病的重点是消灭初侵染源,主要途径如下:一是在播种前对种子进行消毒或者用药剂拌种,合理轮作,避免重茬、迎茬,选用未感染病菌的田地种植甜菜;二是彻底清除田间病残体,秋收后及时深翻或销毁植物残体,尽量减少和抑制病菌越冬;三是合理密植,加强田间管理,及时清理杂草,保持田间良好通风,一旦发现有植株感染,立即清除,防止病菌的再侵染循环。

1.3.2　化学防治

由于缺乏有效的非化学替代品,化学防治一直是防治甜菜褐斑病的重要手段。防治甜菜褐斑病的化学杀菌剂大致可分为有机锡类、苯并咪唑类、甲氧基丙烯酸酯类等,代表杀菌剂分别为毒菌锡、多菌灵和嘧菌酯。最初,甜菜褐斑病的防治使用无机铜;后来,研究人员研制出了化学杀菌剂,化学杀菌剂的出现减少了甜菜褐斑病造成的损失。

随着化学杀菌剂的广泛使用,甜菜尾孢菌对化学杀菌剂产生了抗药性。研究人员发现甜菜尾孢菌对苯并咪唑类化学杀菌剂产生了抗药性。抗性菌株的出现使得防治甜菜褐斑病的喷药次数增加。苯并咪唑类化学杀菌剂随后被三唑类杀菌剂和甲氧基丙烯酸酯类杀菌剂替代,这又导致了甜菜尾孢菌开始对新的化学杀菌剂产生抗药性。这促使甜菜产区的农业专家们制订化学杀菌剂轮换施用计划,以降低抗药性甜菜尾孢菌出现的频率。甲氧基丙烯酸酯类化学杀菌剂作为轮换药剂,已成为研究的热点。

研究表明,甜菜褐斑病流行的主要原因是出现了抗化学杀菌剂的灰尾孢菌种群。有学者评估了某甜菜产区对去甲基酶抑制剂和有机锡化学杀菌剂的敏感性分布,结果表明,2014~2017 年存在明显的不敏感性趋势。这说明在广泛和重复使用同种化学杀菌剂后,甜菜尾孢菌已经出现了抗药性。

研究表明:除嘧菌酯、毒菌锡、腈苯唑外,其他化学杀菌剂处理对甜菜褐斑病都有较好的防治效果并可以获得较高的糖产量;氟醚唑、吡唑醚菌酯单独应用对甜菜褐斑病防治和糖产量增加有稳定的效果。有学者通过田间药效实验测定嘧菌酯、醚菌酯、吡唑醚菌酯、肟菌酯 4 种化学杀菌剂的最佳混配组合和应用时期,结果表明,就单剂而言,肟菌酯防治效果最好,其次是吡唑醚菌酯,嘧菌酯防效居中下水平,醚菌酯几乎无效;嘧菌酯和百菌清、代森锰、粉唑醇混配实验结果表明,含有嘧菌酯的混合化学杀菌剂的防治效果显著高于单剂的效果;肟菌酯和百菌清、代森锰、粉唑醇混配实验结果表明,混合药剂的防治效果和肟菌酯的单剂防治效果相当,肟菌酯和百菌清混用的防治效果较低。另有研究表明,喷施壳聚糖可以显著减轻甜菜褐斑病害。有学者尝试利用氯化钙和螯合钙减轻甜菜褐斑病对甜菜的伤害,取得了显著效果。研究表明,2,6-二氯异烟酸可以使甜菜防御系统更快地被激活,增强甜菜的抗病能力。

预测甜菜褐斑病的流行并在合适的时间精准施药,会更有效地防治甜菜褐斑病。将不同作用模式的化学杀菌剂交替轮换使用,可以很好地抑制抗药性的发生。对于化学防治,选取适宜时机也很重要,早治,特别是大雨过后立即喷药效果明显。当使用新的化学杀菌剂时,不仅要测试控制病害的能力,还要对耐药性进行评估,例如,研究化学杀菌剂的作用方式、耐药性的分子机制、与其他化学杀菌剂之间的交互抗性。快速测试病原体种群的分子方法可能有助于早期检测化学杀菌剂的抗药性,并选择合适的化学杀菌剂。

1.3.3　生物防治

生物防治是利用生物间的拮抗作用防治目标病害的方法,其简单、高效、对环境友好且对病害的控制成本较低,是比较绿色环保的方法。关于甜菜褐斑病生物防治的研究已有大量报道。研究表明,寡雄腐霉对植物没有致病性,但具有定殖能力强的特性。有学者利用寡雄腐霉防治黄萎病菌,利用寡雄腐霉细胞壁蛋白质碎片在温室下进行实验,在甜菜 $10 \sim 12$ 片叶上喷洒,浓度分别为 $10\ \mu g/mL$、$100\ \mu g/mL$,结果表明,与蒸馏水对照处理相比,14 d 后病害严重度分别减少 50.7% 和 52.0%,21 d 后病害严重度分别减少 25.9% 和 46.0%,防治效果与苯醚甲环唑和代森锰锌的混剂相当。防病机理是诱发甜菜叶片产生抗病基因;用寡雄腐霉细胞壁蛋白质碎片喷雾处理甜菜叶片,可诱发产生与抗病基因有关的酶(如 $\beta-1,3$ 葡聚糖酶、Ⅲ级酸性几丁质酶、草酸氧化酶等)。另有研究表明,芽孢杆菌分离菌株 Bac J 可以诱导对甜菜褐斑病的系统性抗性,提高发病相关蛋白的活性,从而控制病害的蔓延。多粘芽孢杆菌对甜菜褐斑病有抑制作用,且对甜菜的生长有促进作用。枯草芽孢杆菌可以降低甜菜褐斑病的发病程度。有学者从甜菜叶顶中分离出 16 株淀粉酶芽孢杆菌,利用淀粉酶芽孢杆菌对甜菜尾孢菌的拮抗活性进行研究,结果表明,淀粉酶芽孢杆菌对甜菜尾孢菌有明显的拮抗作用,对甜菜尾孢菌径向生长的抑制率为 77.8% ~ 90.0%。此外,木霉可减少甜菜尾孢菌的发生和分生孢子的产生,可作为甜菜褐斑病的生物防治剂。担子菌能降低尾孢菌素对微生物和植物组织的毒性作用。有学者认为,青霉对甜菜尾孢菌有抑制作用,抑制作用与黏合剂助剂的浓度有关。

生物防治甜菜褐斑病,能有效地避免化学杀菌剂造成的环境问题,因此具有广阔的发展前途。

1.4 甜菜褐斑病的抗病反应机制

寄主植物在长期进化和与病原体相互作用的复杂过程中,逐渐具有不易亲和、不易感染等各种抵御有害病原物的特性,这种特性被称为植物的抗病性。已有学者研究了甜菜褐斑病的抗病机制,包括形态结构抗病性、生理生化反应抗病性、毒素抗性等。

1.4.1 形态结构抗病性

形态结构抗病性是通过寄主植物形态结构的特性实现物理上的阻滞,即通过引起寄主植物形态结构发生变化来机械地阻碍病原体的侵染。形态结构抗病性具有被动抗病特点,主要在病原体的传播、接触、感染、潜育等阶段产生作用。笔者课题组研究人员对甜菜褐斑病抗感种质细胞超微结构变化进行了比较,发现:感病种质叶片图像密度不均,整体影像出现泡状光影;在病原体的侵蚀下,感病种质表现为细胞壁变形,质壁分离,叶绿体变形且片层结构零乱,线粒体膜破损,膜局部破裂,内含物外流,有的细胞器逐渐解体,膜系统遭到严重破坏,甚至整个细胞死亡;抗病种质 X 衍射图像密度均匀,细胞结构相对完整。以上现象说明甜菜褐斑病引起的细胞结构病变在抗病、感病种质之间的表现不同,抗病种质资源叶片细胞的膜系统比感病种质资源的膜系统更能抵抗甜菜褐斑病造成的破坏。

1.4.2 生理生化反应抗病性

生理生化反应抗病性主要是当病原体进入寄主植物时,寄主植物生理功能发生改变,从而阻碍病原体的入侵和扩展。寄主植物产生天然的抗菌物质、酶的抑制剂,通过抑制病原体的水解酶以及影响病原体的寄生和致病,从而达到抗病的目的。主动抗病(如产生过敏性坏死反应)可以使受侵染部位组织细胞迅速坏死,使病原体被限制在死亡组织中不能拓展。有学者比较了抗病和感病品种的酶活性,结果表明,抗病品种酶活性显著高于感病品种。

甜菜和甜菜尾孢菌之间的相互作用始于植物对苯丙氨酸解氨酶的初始防御反应,苯丙氨酸解氨酶参与感染期间许多与植物相关的次级代谢产物(如木质素、类黄酮和植保素)的各种生物合成途径。研究表明,寄主植物防御机制是寄主植物被甜菜褐斑病感染后,通过与苯丙氨酸解氨酶核心启动子上的病原体诱导分子相互作用而抑制感染。在最初感染病原体以及在疾病发展的中后期,植物激素脱落酸(ABA)升高,ABA通过未知机制降低甜菜中苯丙氨酸解氨酶基因的表达水平。研究表明,脱落酸可以干扰其他植物的生物胁迫信号,包括抑制苯丙氨酸解氨酶转录和活性,从而对抗病性产生负面影响。

有学者针对甜菜品种对甜菜尾孢菌的防御反应进行研究,结果表明,具有不同抗性基因型(易感、多基因部分抗性、单基因抗性)的3个品种在防御反应的时间和强度上存在差异。当症状出现时,3个品种的激素(乙烯、茉莉酸和赤霉素)产生、木质素和生物碱合成、信号传递和致病相关基因都被激活。单基因抗性基因型品种在接种后1 d表现出较强的防御能力,甜菜尾孢菌的生物量没有显著增加。与易感基因型品种相比,多基因部分抗性基因型品种有较强的抗性反应,甜菜尾孢菌的生物量减少了50%。

1.4.3　毒素抗性

抗病的甜菜品种(包括糖甜菜、食用甜菜、叶甜菜等)会抑制病变部位的扩张,减小病叶发生病变的面积,减少单位面积内病变部位的孢子产量,从而减轻病害的危害。

当抗甜菜褐斑病的品种出现小的病变斑点时,会直接引起免疫反应。野生甜菜被甜菜尾孢菌感染后,气孔周围的细胞会迅速出现红色,但是,在这些部位没有观察到典型的灰色坏死部位的产生,这表明这种反应以类似但不同于免疫反应的方式发展。

包括甜菜尾孢菌在内的大多数尾孢菌都被认为是坏死菌,它们在入侵时会产生低分子量植物毒素,它们的水解酶会使细胞衰弱。研究表明,甜菜尾孢菌能利用单线态氧生成光敏非特异性尾孢菌毒素,ABC转运体蛋白和高含量的吡唑醛能保护甜菜尾孢菌免受尾孢菌毒素的毒性作用。鉴于以上结论,人们开始培育能降低植物毒素敏感性的转基因甜菜,从而达到减缓或预防甜菜褐斑病危害的目的。毒性次级代谢产物(尾孢菌素)已被证明可以增强真菌中多种尾孢菌的毒力。尾孢菌素的产生和尾孢菌素引发的活性氧的形成是光依赖的,因此尾孢毒素导致的细胞死亡只有在光照条件下才能得到充分的发挥。研究表明,由甜菜尾孢菌分泌的效应因子 CbNip1,在无光条件下也可诱导寄主植物组织坏死,并且可以通过光依赖的尾孢菌素的合成加速寄主植物的组织坏死。

除尾孢菌毒素外,其他植物毒素(如来自尾孢菌的 beticolins)被证明能削弱正常植物的细胞功能。beticolins 是多环分子家族中的一类,具有相同的中心结构,但在芳香环上的官能团不同。与尾孢菌毒素一样,beticolins 也会破坏膜的稳定性,导致电解质的渗漏。beticolins 还抑制 ATP 依赖的质子转运体和螯合镁离子。综上,植物毒素也是甜菜尾孢菌感染植物过程中重要的毒力因子。据报道,甜菜尾孢菌分泌的细胞壁降解酶也是一种极强的毒力因子。

1.5 抗甜菜褐斑病种质资源的开发与利用

甜菜种质资源是科研和育种的重要物质基础。当今,世界各国都十分重视种质资源的收集、鉴定和保存工作。

抗甜菜褐斑病种质资源的开发与利用对甜菜的抗病育种有着重要的作用。有了准确的鉴定和评估,研究人员才能把不同品质的材料分类保存,减少种质保存的盲目性,使保存的种质资源更具代表性。清晰的分类和保存有助于育种学家对育种材料的选择,提升选材的准确性并进一步提高育种的效率。

目前,尾孢属真菌已经对多种化学杀菌剂产生抗性,因此,筛选和培育抗病品种是防治甜菜褐斑病较安全、经济、有效的方法。开展甜菜与甜菜尾孢菌互作机理研究及抗甜菜褐斑病反应的分子机制研究对于抗甜菜褐斑病新品种选育和进行基因工程改良非常重要,因此,研究人员非常重视抗甜菜褐斑病种质资源的开发与利用工作。

1.5.1 抗甜菜褐斑病种质资源的筛选与鉴定

近年来,研究人员在甜菜种质鉴定和评估方面做了很多研究。有学者对品种 FC301 进行鉴定后发现,FC301 对甜菜褐斑病有很强的抗性,对甜菜根腐病和甜菜曲顶病也有一定的抵抗力。有学者甜菜品种 FC900、FC500s、FC600 进行鉴定后发现,3 个品种对甜菜褐斑病有较好的抗性,对抗甜菜褐斑病育种有潜在的应用价值。有学者对甜菜品种 FC723 进行鉴定后发现,FC723 不仅对甜菜根腐病有很强的抗性,还中抗甜菜褐斑病。有学者对甜菜品种 FC709-2 和 FC727 进行鉴定后发现,2 个品种对甜菜根腐病有很强的抗性,中抗褐斑病。有学者对甜菜品种 FC305 进行鉴定后发现,FC305 对黄叶病有很强的抗性,中抗甜菜褐斑病、甜菜根腐病、甜菜曲顶病。自然状况下,同时抗 2 种及以上病害的种质资源比较稀少。有学者对甜菜品种 FC720、FC722 和 FC722CMS 进行鉴定后发现,3 个品种对甜菜褐斑病都有良好的抗性。有学者对甜菜种质 FC220 和 FC221 进行鉴定后发现,2 个品种均抗甜菜根腐病,中抗甜菜褐斑病。有学者对 11 个甜菜品种进行鉴定,其中 Berton、Selma KWS 和 Wellington 这 3 个品种对甜菜褐斑病抗性最强。有学者将野生甜菜分为 4 组,分别为普通甜菜组、碗状花甜菜组、白花甜菜组、矮生甜菜组,普通甜菜组中的沿海甜菜和碗状花甜菜组中的平葡甜菜具有较强的抗甜菜褐斑病特性,是抗甜菜褐斑病育种的主要抗性亲本来源。

有学者通过对华北地区 48 份甜菜进行鉴定和评价,发现了 17 份抗甜菜褐斑病品种 (病情指数均 ≤ 30):HB34-7、HB39-5、N98129、N98160、N98201、N9821、BS301-13-9、HBA4-1、甜 301-3 、2068B-2、R73124、B-1 * AB-1-4、NTK202 * G9305、196 * X-5、甜 3 * 晋甜-13、甜 3 * 晋甜-14、AB8301。有学者通过对 107 份甜菜种质资源进行鉴定和筛选,在实验地自然发病区鉴定和筛选出甜菜褐斑病高抗型种质 11 份,抗病型种质 18 份,中抗型种质 11 份。

有学者对 9 个甜菜品种(F104、7208、334、新宁 13、新甜 15 号、JZSL-7、N9、N13、FD0413)进行研究,以 2 个材料为对照 CK_1、CK_2,分析及鉴定甜菜褐斑病抗性,结果表明,7208 和新甜 15 号表现为抗,F104 和新宁 13 表现为中抗,FD0413 表现为高抗。有学者于 2011～2013 年在甜菜褐斑病常发和重发地区,对 35 个品种进行了甜菜褐斑病的抗性分析,其中,2011 年供试的 12 个品种中有 6 个(H10479、H11059、H11145、H10466、KWS2409、H11057)为中抗,2012 年供试的 17 个品种中有 15 个 (G1234、H11274、H10305、H10985、BETA356、H10466、H10732、H11003、KWS2409、G1233、G1240、KWS7125、TC3、ST21015、

ST14091）为中感，2013 年供试的 12 个品种中有 4 个（H10554、H11257、H11356、H11357）为中抗。

1.5.2 抗甜菜褐斑病种质资源的遗传研究

前人在抗甜菜褐斑病的遗传方面开展了较深入的研究。有学者发现，在所使用的杂交组合中，有 4~5 个主要抗性基因参与了甜菜褐斑病抗性的表达。有学者用 SRAP 对抗甜菜褐斑病品种进行聚类分析，结果表明，TY305、TY309、w-5-1 对甜菜褐斑病有较好的抗性。有学者用复合区间作图法，发现了在Ⅲ、Ⅳ、Ⅶ和Ⅸ染色体上有 4 个与甜菜褐斑病抗性相关的 QTL。

有学者对甜菜细胞间抗真菌蛋白（IWF6）进行定位，研究了甜菜叶片中一种新的抗真菌非特异性脂质转移蛋白（Nsltp）的特性，结果表明，该转移蛋白在体外对甜菜褐斑病的病原体（甜菜尾孢菌）有较强的抗菌活性，并在浓度低于 $10~\mu g/mL$ 的情况下能抑制真菌生长。

有学者通过构建抑制性消减杂交文库鉴定甜菜对甜菜褐斑病的防御反应，并发现了 18 个与抗性有关的基因。有学者研究植保素在甜菜抗病性中的可能作用时发现，当甜菜感染甜菜褐斑病时，叶片 3-羟基-7,8,4′-三甲氧基黄酮和黄曲霉毒素含量升高且高抗株比敏感株含量高，说明这 2 种化合物在抗甜菜褐斑病中起重要作用。

有学者对第 1 代转 RIP 基因甜菜的抗病能力和生理特性进行了研究，结果表明，RIP 基因能提高抗甜菜褐斑病能力，且对甜菜的生长和生理代谢无不良影响。有学者利用 110 个 AFLP 和 35 个 RFLP 对 193 个分离群体的 QTL 进行了分析，并研究了甜菜褐斑病抗性的遗传规律。该学者分别在连锁群 1、2、3 和 9 上进行复合区间定位，发现了 5 个 QTL，其中 2 个 QTL 位于连锁群 3 上。该学者通过排列分析验证了这些 QTL 的显著性，结果表明：QTL 主要是加性的，但也有一定的负性显性效应；所有的抗性等位基因都来自甜菜褐斑病抗性亲本；每个数量性状位点占表型变异的 7%~18%，其中 37% 的变异原因不明。有学者利用特定的引物（ASPs）和 1 个 SNP 标记，对 1 个单核苷酸多态性进行了研究，为区分抗性和易感基因型提供了参考。有学者利用转化法已经成功构建具有抗甜菜褐斑病基因 CFP 的甜菜。有学者描述了易感、多基因部分抗性和单基因抗性基因型的转录防御反应,鉴定了与多基因部分抗性相关的信号感知和细胞信号转导相关的防御应答基因,为进一步研究多基因部分抗性奠定了良好的基础。

研究表明,甜菜尾孢菌菌丝体可影响甜菜基因的核心启动子,从而抑制甜菜苯丙氨酸解氨酶表达。研究表明,ABA 积累和激活 ABA 依赖的信号级联是抑制甜菜叶片侵染过程中苯丙氨酸解氨酶表达的主要原因。有学者在 3 个染色体上发现了 4 个与甜菜褐斑病相关的 QTL。有学者在 6 个染色体上发现了 7 个与甜菜褐斑病相关的 QTL。

有学者将 2 个单配甜菜的离体芽培养营养繁殖体杂交并获得新品种 EL50,该新品种对甜菜褐斑病具有极高的抗性。有学者以雄不育二倍体单交种为母本,以四倍体单交种为父本配制多倍体双交种,得到具有抗甜菜褐斑病性状的新品种——甜研 308。我国育种家还培育出了 ZM201、ZM202 等抗甜菜褐斑病品种。有学者在德国进行了 49 次田间实验,发现几个具有抗甜菜褐斑病的甜菜品种在没有病害发生的情况下,产量高于感病品种。

1.5.3　抗甜菜褐斑病种质资源的利用

育种家可以利用抗甜菜褐斑病种质资源培育出抗病性更加稳定的品种,对抗病基因进行克隆并对抗病基因加以利用,研究抗病的机理,了解甜菜植株和病原体互作时的进化关系,等等。将育成的抗病品种大力推广,可以减少化学杀菌剂的使用,降低生产成本,提高单位面积甜菜的产量和含糖量,进而提高产糖量,提高经济效益。抗甜菜褐斑病种质资源的开发一直是甜菜育种家研究的重点。

有些甜菜品种对甜菜褐斑病的抗性是从野生品种中获得的,经过系统选育、杂交育种、现代分子育种而得到抗病品种。经过多年的研究,我国已经育出了一些抗甜菜褐斑病品种,如甜研 3 号、双丰 8 号、甜研 301、甜研 302、甜研 303、甜研 201、甜研 202 等,这些品种比普通品种产糖量高 10% 以上,抗性高一级。

研究表明,甜菜尾孢菌侵染后,甜菜 M14 叶片中的酶活性均高于其他甜菜。研究表明,品种 H809、TY31 等对甜菜褐斑病有良好的抵抗力。品种 ZM201、

ZM202 根系产量高,糖分含量高,根系品质较好,对甜菜根腐病、甜菜褐斑病有良好的抗性和耐受力。

利用综合防治手段控制甜菜褐斑病已经取得了重大进展,但是引起的损失依然是甜菜生产中急需破解的难题。寻找更有效的防治方法仍然十分必要。

甜菜褐斑病的化学防治虽然效果很好,但若长期使用,会对环境造成污染并能致使病原体产生抗药性,产生超级病原菌。因此,化学防治有一定局限性。利用生物防治手段防治甜菜褐斑病具有极大潜力,可以减少对化学杀菌剂的抗药性。更可持续和环保的方法就是依靠抗甜菜褐斑病的新品种来防治甜菜褐斑病。

利用野生甜菜种质资源可以提高选育品种的遗传多样性。随着科学技术的快速发展,未来利用分子标记辅助选择技术、基因编辑技术,可弥补常规抗病育种易受干扰、抗生理小种较少等不足。目前,已被精确定位的抗甜菜褐斑病基因仍然较少;甜菜抗性品种的抗性不是很稳定,容易渐渐地失去抗性,逐渐成为普通品种。所以,在甜菜种植区一定要严格监测甜菜尾孢菌致病型的消亡和生长规律,关注病原体的生理小种成分变化,普及和强调种植甜菜抗性品种,实施抗性品种的多元化搭配,提高良种的更新和迭代速率,做到经常轮换,以减缓致病型的变异速度。通过不断提高对寄主和病原体相互作用的认知,深入研究甜菜抗病机制,以便更好地控制甜菜褐斑病的发生,促进甜菜产业的健康发展。

参考文献

[1] GENG G, YANG J. Sugar beet production and industry in China [J]. Sugar Tech, 2015, 17:13-21.

[2] LEUCKER M, MAHLEIN A K, STEINER U, et al. Improvement of lesion phenotyping in *Cercospora beticola* – sugar beet interaction by hyperspectral imaging [J]. Phytopathology, 2016, 106(2):177-184.

[3] LEUCKER M, WAHABZADA M, KERSTING K, et al. Hyperspectral imaging reveals the effect of sugar beet quantitative trait loci on Cercospora leaf spot resistance [J]. Functional Plant Biology, 2016, 44(1):1-9.

[4] SKARACIS G N, PAVLI O I, BIANCARDI E. Cercospora leaf spot disease of

sugar beet[J]. Sugar Tech,2010,12:220-228.

[5] GROENEWALD M,GROENEWALD J Z,CROUS P W. Distinct species exist within the *Cercospora apii* morphotype [J]. Phytopathology, 2005, 95 (8): 951-959.

[6] STEINKAMP M P,MARTIN S S,HOEFERT L L,et al. Ultrastructure of lesions produced by *Cercospora beticola* in leaves of *Beta vulgaris* [J]. Physiological Plant Pathology,1979,15(1):13-16,IN3-IN9,17-26.

[7] GOODWIN S B,DUNKLE L D,ZISMANN V L. Phylogenetic analysis of *Cercospora* and *Mycosphaerella* based on the internal transcribed spacer region of ribosomal DNA[J]. Phytopathology,2001,91(7):648-658.

[8] WEILAND J J,HALLOIN J M. Benzimidazole resistance in *Cercospora beticola* sampled from sugarbeet fields in Michigan,U. S. A. [J]. Canadian Journal of Plant Pathology,2001,23(1):78-82.

[9] DE MICCOLIS ANGELINI R M,HABIB W,ROTOLO C,et al. Selection,characterization and genetic analysis of laboratory mutants of *Botryotinia fuckeliana* (*Botrytis cinerea*) resistant to the fungicide boscalid[J]. European Journal of Plant Pathology,2010,128:185-199.

[10] RUMPF T,MAHLEIN A -K,STEINER U,et al. Early detection and classification of plant diseases with support vector machines based on hyperspectral reflectance[J]. Computers and Electronics in Agriculture,2010,74(1):91-99.

[11] MALANDRAKIS A A,MARKOGLOU A N,NIKOU D C,et al. Molecular diagnostic for detecting the cytochrome *b* G143S-QoI resistance mutation in *Cercospora beticola* [J]. Pesticide Biochemistry and Physiology, 2011, 100 (1): 87-92.

[12] ZHOU R,KANEKO S,TANAKA F,et al. Image-based field monitoring of Cercospora leaf spot in sugar beet by robust template matching and pattern recognition[J]. Computers and Electronics in Agriculture,2015,116:65-79.

[13] VEREIJSSEN J,SCHNEIDER J H M,TERMORSHUIZEN A J. Root infection of sugar beet by *Cercospora beticola* in a climate chamber and in the field[J]. European Journal of Plant Pathology,2005,112:201-210.

[14] KHAN J, DEL RIO L E, NELSON R, et al. Survival, dispersal, and primary infection site for *Cercospora beticola* in sugar beet[J]. Plant Disease, 2008, 92 (5):741-745.

[15] GROENEWALD M, LINDE C C, GROENEWALD J Z, et al. Indirect evidence for sexual reproduction in *Cercospora beticola* populations from sugar beet[J]. Plant Pathology, 2008, 57(1):25-32.

[16] RANGEL L I, SPANNER R E, EBERT M K, et al. *Cercospora beticola*: the intoxicating lifestyle of the leaf spot pathogen of sugar beet[J]. Molecular Plant Pathology, 2020, 21(8):1020-1041.

[17] ROSENZWEIG N, HANSON L E, MAMBETOVA S, et al. Temporal population monitoring of fungicide sensitivity in *Cercospora beticola* from sugarbeet (*Beta vulgaris*) in the upper great lakes[J]. Canadian Journal of Plant Pathology, 2020, 42(4):469-479.

[18] KHAN M F R, SMITH L J. Evaluating fungicides for controlling Cercospora leaf spot on sugar beet[J]. Crop Protection, 2005, 24(1):79-86.

[19] KARADIMOS D A, KARAOGLANIDIS G S. Comparative efficacy, selection of effective partners, and application time of strobilurin fungicides for control of cercospora leaf spot of sugar beet[J]. Plant Disease, 2006, 90(6):820-825.

[20] FELIPINI R B, DI PIERO R M. PR-protein activities in table beet against *Cercospora beticola* after spraying chitosan or acibenzolar-S-methyl[J]. Tropical Plant Pathology, 2013, 38(6):534-538.

[21] NIELSEN K K, BOJSEN K, COLLINGE D B, et al. Induced resistance in sugar beet against *Cercospora beticola*: induction by dichloroisonicotinic acid is independent of chitinase and β-1,3-glucanase transcript accumulation[J]. Physiological and Molecular Plant Pathology, 1994, 45(2):89-99.

[22] AL-RAWAHI A K, HANCOCK J G. Parasitism and biological control of *Verticillium dahliae* by *Pythium oligandrum*[J]. Plant Disease, 1998, 82(10): 1100-1106.

[23] TAKENAKA S, NISHIO Z, NAKAMURA Y. Induction of defense reactions in sugar beet and wheat by treatment with cell wall protein fractions from the my-

coparasite *Pythium oligandrum* ［J］. Phytopathology, 2003, 93 (10):
1228-1232.

[24] BARGABUS R L, ZIDACK N K, SHERWOOD J E, et al. Characterisation of
systemic resistance in sugar beet elicited by a non-pathogenic, phyllosphere-
colonizing *Bacillus mycoides*, biological control agent[J]. Physiological and Mo-
lecular Plant Pathology, 2002, 61(5):289-298.

[25] COLLINS D P, JACOBSEN B J. Optimizing a *Bacillus subtilis* isolate for biologi-
cal control of sugar beet cercospora leaf spot[J]. Biological Control, 2003, 26
(2):153-161.

[26] GALLETTI S, BURZI P L, CERATO C, et al. *Trichoderma* as a potential bio-
control agent for Cercospora leaf spot of sugar beet[J]. Biocontrol, 2008, 53:
917-930.

[27] EL-FAWY M M, EL-SHARKAWY R M I, ABO-ELYOUSR K A M. Evalua-
tion of certain *Penicillium frequentans* isolates against Cercospora leaf spot dis-
ease of sugar beet [J]. Egyptian Journal of Biological Pest Control, 2018,
28:49.

[28] MAHAPATRA S S, SWAIN D, BEURA S K, et al. Identification of mung bean
germplasm for resistance against *Cercospora canescens* and to study the associa-
tion of biochemical parameters with defense mechanisms [J]. Agronomy Jour-
nal, 2022, 114(2):1184-1199.

[29] DIALLINAS G, KANELLIS A K. A phenylalanine ammonia-lyase gene from
melon fruit: cDNA cloning, sequence and expression in response to development
and wounding[J]. Plant Molecular Biology, 1994, 26:473-479.

[30] SCHMIDT K, HEBERLE B, KURRASCH J, et al. Suppression of phenylalanine
ammonia lyase expression in sugar beet by the fungal pathogen *Cercospora beti-
cola* is mediated at the core promoter of the gene[J]. Plant molecular biology,
2004, 55:835-852.

[31] SCHMIDT K, PFLUGMACHER M, KLAGES S, et al. Accumulation of the hor-
mone abscisic acid (ABA) at the infection site of the fungus *Cercospora beticola*
supports the role of ABA as a repressor of plant defence in sugar beet[J]. Mo-

lecular Plant Pathology,2008,9(5):661-673.

[32]MAUCH-MANI B,MAUCH F. The role of abscisic acid in plant-pathogen interactions[J]. Current Opinion in Plant Biology,2005,8(4):409-414.

[33]DE JONGE R,BOLTON M D,THOMMA B P. How filamentous pathogens co-opt plants:the ins and outs of fungal effectors[J]. Current Opinion in Plant Biology,2011,14(4):400-406.

[34]DAUB M E,EHRENSHAFT M. The photoactivated *Cercospora* toxin *cercosporin*:contributions to plant disease and fundamental biology[J]. Annual Review of Phytopathology,2000,38:461-490.

[35]EBERT M K,RANGEL L I,SPANNER R E,et al. Identification and characterization of *Cercospora beticola* necrosis-inducing effector CbNip1[J]. Molecular Plant Pathology,2021,22(3):301-316.

[36]GOUDET C,MILAT M L,SENTENAC H,et al. Beticolins,nonpeptidic,polycyclic molecules produced by the phytopathogenic fungus *Cercospora beticola*,as a new family of ion channel-forming toxins[J]. Molecular Plant-Microbe Interactions,2000,13(2):203-209.

[37]GAPILLOUT I,MIKES V,MILAT M L,et al. *Cercospora beticola* toxins. Use of fluorescent cyanine dye to study their effects on tobacco cell suspensions[J]. Phytochemistry,1996,43(2):387-392.

[38]RANGEL L I,SPANNER R E,EBERT S M K,et al. *Cercospora beticola*:the intoxicating lifestyle of the leaf spot pathogen of sugar beet[J]. Molecular Plant Pathology,2020,21(8):1020-1041.

[39]PANELLA L,HANSON L E,MCGRATH J M,et al. Registration of FC305 multigerm sugarbeet germplasm selected from a cross to a crop wild relative[J]. Journal of Plant Registrations,2015,9(1):115-120.

[40]PANELLA L,HANSON L E. Registration of FC720,FC722,and FC722CMS monogerm sugarbeet germplasms resistant to Rhizoctonia root rot and moderately resistant to *Cercospora* leaf spot[J]. Crop Science,2006,46:1009-1010.

[41]PANELLA L,LEWELLEN R T,HANSON L E. Breeding for multiple disease resistance in sugarbeet:registration of FC220 and FC221[J]. Journal of Plant

Registrations,2008,2(2):146-155.

[42]COONS G H,OWEN F V,STEWART D. Improvement of the sugar beet in the United States[J]. Advances in Agronomy,1955,7:89-139.

[43]SETIAWAN A, KOCH G, BARNES S R, et al. Mapping quantitative trait loci(QTLs) for resistance to *Cercospora* leaf spot disease(*Cercospora beticola Sacc.*) in sugar beet(*Beta vulgaris* L.)[J]. Theoretical and Applied Genetics, 2000,100:1176-1182.

[44]KRISTENSEN A K,BRUNSTEDT J,NIELSEN J K,et al. Partial characterization and localization of a novel type of antifungal protein(IWF6) isolated from sugar beet leaves[J]. Plant Science,2000,159(1):29-38.

[45]NILSSON N O, HANSEN M, PANAGOPOULOS A H, et al. QTL analysis of *Cercospora* leaf spot resistance in sugar beet[J]. Plant Breeding, 1999, 118 (4):327-334.

[46]SCHMIDT K,HEBERLE B,KURRASCH J,et al. Suppression of phenylalanine ammonia lyase expression in sugar beet by the fungal pathogen *Cercospora beticola* is mediated at the core promoter of the gene[J]. Plant Molecular Biology, 2004,55:835-852.

[47]SCHMIDT K,PFLUGMACHER M,KLAGES S,et al. Accumulation of the hormone abscisic acid (ABA) at the infection site of the fungus *Cercospora beticola* supports the role of ABA as a repressor of plant defence in sugar beet[J]. Molecular Plant Pathology,2008,9(5):661-673.

[48]SAUNDERS J W, THEURER J C, HALLOIN J M. Registration of EL50 monogerm sugarbeet germplasm with resistance to cercospora leaf spot and aphanomyces blackroot[J]. Crop Science,1999,39(3):883.

[49]王红旗,胡文信,李宏侠,等. 甜菜多倍体双交种——甜研 308 的选育[J]. 中国糖料,1996(3):6-9.

[50]马亚怀,李彦丽,柏章才,等. 丰产抗病偏高糖甜菜新品种 ZM201 的选育 [J]. 中国糖料,2008(4):21-23.

[51]李彦丽,柏章才,马亚怀. 丰产优质抗病甜菜新品种 ZM202 的选育[J]. 中国糖料,2010(3):6-8.

[52] VOGEL J,KENTER C,HOLST C,et al. New generation of resistant sugar beet varieties for advanced integrated management of *Cercospora* leaf spot in central Europe[J]. Frontiers in Plant Science,2018,9:222.

[53] 夏红梅,杨宇博,韩新文,等.甜菜褐斑病的危害及防治[J].中国甜菜糖业, 2003(1):53-55.

[54] ROSSI V. Effect of host resistance in decreasing infection rate of *Cercospora* leaf spot epidemics on sugar beet[J]. Phytopathologia Mediterranea,1995,34(3): 149-156.

[55] 倪洪涛.浅议甜菜品种抗褐斑病研究进展及随想[J].中国糖料,2002(3): 30-34.

[56] 胡敏,赵晓菊,殷亚杰,等.甜菜 M14 品系褐斑病抗性的初步研究[J].中国 农学通报,2009,25(15):187-189.

[57] 王茂芊,白晨,吴则东,等.国内外 18 个甜菜品种的根腐病和褐斑病抗性鉴 定[J].中国糖料,2015,37(4):8-10.

[58] 王录红,周翔,李王胜,等.甜菜褐斑病菌分离培养及病程分子鉴定[J].中 国糖料,2022,44(1):60-63.

[59] 邹锋康,丁广洲,贾海伦,等.甜菜褐斑病及种质资源抗性研究进展[J].中 国糖料,2019,41(4):63-69.

[60] 乔志文.甜菜褐斑病发生时间动态规律研究[J].中国农学通报,2019,35 (6):83-88.

[61] 乔志文,张杰,赵海英.国外甜菜褐斑病、根腐病、黄化病毒病研究进展[J]. 中国糖料,2011(3):55-59.

[62] 刘大丽,马龙彪,纪岩,等.甜菜褐斑病抗性基因的克隆[J].中国糖料, 2017,39(4):5-7.

[63] 史应武,娄恺,李春,等.甜菜褐斑病内生拮抗菌的筛选、鉴定及其防效测定 [J].植物病理学报,2009,39(2):221-224.

[64] 王茂芊,张惠忠,吴则东,等.SRAP 标记对甜菜抗褐斑病品种的聚类分析 [J].中国糖料,2017,33(12):143-147.

[65] 丁广洲,李永刚,赵春雷,等.甜菜褐斑病抗感种质细胞超微结构变化比较 [J].中国糖料,2014(1):1-4.

[66] 鄂圆圆,白晨,张惠忠,等. 华北区甜菜种质资源的收集、鉴定、评价[J]. 内蒙古农业科技,2015,43(1):17-18,46.

[67] 崔平,潘荣. 甜菜优异种质资源创新利用与评价[J]. 中国糖料,2005(4):26-29,37.

[68] 高卫时,张立明,刘华君,等. 不同品种甜菜褐斑病抗性分析及早期鉴定方法[J]. 中国糖料,2011(4):25-27,30.

[69] 杨安沛,曹禹,孙桂荣,等. 不同甜菜品种对褐斑病的抗性分析[J]. 中国糖料,2014(4):48-49,52.

2 我国东北主要甜菜种质资源的鉴定与评价分析

2.1 研究背景

食糖是与人类生活密切相关的重要产品,人体活动所需的大部分能量由糖类供给。甜菜是我国重要的产糖作物,筛选和利用优异的甜菜种质资源是实现甜菜高产高糖的基础。

蔗糖含量和块根产量是衡量甜菜质量的关键性状。甜菜块根中存在的非糖物质会影响甜菜品质,造成废蜜损失,致使糖分流失。计算糖分损失和杂质指数是国内外评价甜菜种质品质的主要方法。有学者将德国、荷兰等国家的评价标准进行总结,列举了不同国家种质筛选的量化标准。有学者计算糖分损失、杂质指数,以可回收蔗糖含量为依据,从 162 份种质中筛选出 14 份蔗糖含量高且具有优良品质的丰产优质种质。

根据农艺性状进行种质的评价与筛选有利于亲本的选配以及种质的改良。我国研究人员对农艺性状的评价分析主要采用变异性分析、主成分分析、将表型与分子标记结合进行分析等方法。有学者对来自 12 个国家的甜菜种质进行遗传多样性分析,结果表明,中国甜菜品种的表型遗传差异较大。该学者综合各性状表现进行聚类分析,筛选出 15 份丰产高糖种质。有学者对 104 份甜菜的 16 个农艺性状进行统计分析,结果表明:被试种质遗传多样性大;不同农艺性状间存在不同程度的关联性,例如,根头大小与根肉颜色显著负相关。有学者利用 SSR 对甜菜种质进行比较系统的遗传多样性及遗传距离分析,将 130 份种质划分为 5 个近缘组,经分析发现各组品质性状、抗性性状间存在显著差异。

甜菜尾孢菌、丝核菌、镰刀菌等真菌引起的甜菜褐斑病、立枯病、根腐病在东北栽培地区普遍发生,严重影响甜菜产量。化学防治、生物防治、培育抗性品种是作物抗病的主要方式。有学者认为,随着真菌抗药性的增强以及化学杀菌剂对环境的严重污染,生物防治和培育抗性品种是未来研究的主要方向。近年来,关于甜菜种质资源的报道大多集中于农艺性状与品质性状,关于甜菜抗性的研究大多局限于单一病害。在上述基础上,笔者将农艺性状、品质性状、抗性性状相结合,选取我国东北 205 份代表性种质资源,对各性状数据进行相关性分析、聚类分析、主成分分析,通过所得结果对种质资源进行评价与筛选,为今后培育优良品种以及改良种质提供一定的参考与理论依据。

2.2 材料与方法

2.2.1 材料

205 份种质资源名称及来源如表 2-1 所示。

表 2-1　205 份种质资源名称及来源

编号	名称	来源	编号	名称	来源	编号	名称	来源
1	7917M2038	中国	22	HDW03	中国	43	J02×101/5-1j	中国
2	SZM1	中国	23	HDW04	中国	44	H0712	中国
3	Fam423	意大利	24	HDW05	中国	45	DZ-6	中国
4	425-4n	意大利	25	HDW08	中国	46	81GZM52	中国
5	SI26	中国	26	HDW10	中国	47	81GM3	中国
6	G9/95M3	中国	27	HDW17	中国	48	81GM7	中国
7	B8952	中国	28	HDW18	中国	49	81GM13	中国
8	B8953	中国	29	HDW19	中国	50	81GM20	中国
9	B8954	中国	30	HDW20	中国	51	81GM26	中国
10	75C60Z	中国	31	Zj215	中国	52	81GM30	中国
11	7917/210	中国	32	Zj218	中国	53	Z002	中国
12	Ⅲ352M2	中国	33	Zj219	中国	54	KHM48	中国
13	T4L32	中国	34	Zj220	中国	55	K9635	中国
14	1403/157	中国	35	Zj221	中国	56	81GM1	中国
15	1403/154	中国	36	Zj223	中国	57	81GM19	中国
16	T4M15	中国	37	911026HO	美国	58	Ⅲ74110	中国
17	D90M4	中国	38	942×101/5	中国	59	H0143	中国
18	RⅢD	中国	39	951×T35-1	中国	60	NAN4	中国
19	NAN1	中国	40	200×T01-4	中国	61	HDW202	中国
20	DA111R	中国	41	J01×942-1j	中国	62	HDW207	中国
21	KGFUS	美国	42	J01×942-2B	中国	63	81GM18	中国

续表

编号	名称	来源	编号	名称	来源	编号	名称	来源
64	81GM27	中国	94	97165 Ⅰj	中国	124	97156	中国
65	W12KⅥ4	中国	95	97185 Ⅰ	中国	125	98201HX	中国
66	W13KⅥ4	中国	96	9805	中国	126	98203	中国
67	A7620	中国	97	98202IHXj	中国	127	98206	中国
68	H1051	中国	98	98210HX	中国	128	98217	中国
69	H181	中国	99	98212	中国	129	98218j	中国
70	7917/1	中国	100	98213 Ⅰ	中国	130	98219	中国
71	7909ZM2	中国	101	98214	中国	131	田3I	中国
72	J02	中国	102	T01-2GFBX	中国	132	BA.04/74.01	意大利
73	T01-4BDX	中国	103	T02-1BDXj	中国	133	ELS10183	俄罗斯
74	T04 Z	中国	104	T03	中国	134	ELS5121	俄罗斯
75	T10FS1BDXj	中国	105	T09GFBX	中国	135	ELS10632	俄罗斯
76	T11BDXj	中国	106	T17	中国	136	Ⅰ7312	中国
77	T14BDXj	中国	107	T23	中国	137	Ⅰ81523	中国
78	T15j/09 Ⅰ	中国	108	T30BDX Ij	中国	138	102AB①	中国
79	T24	中国	109	T32BDXj	中国	139	102AB②	中国
80	T25-1GFBX	中国	110	94211	德国	140	102AB③	中国
81	T29BDXj	中国	111	Zj214	中国	141	F85411	中国
82	T31j	中国	112	Zj216	中国	142	F8543	中国
83	T33BDXj	中国	113	Zj401-1	中国	143	7918/761	中国
84	T34BDXj	中国	114	T413-5	中国	144	7911	中国
85	T35-3BDXj	中国	115	Zj423-3	中国	145	1403M-1	中国
86	T36	中国	116	Zj434-5	中国	146	1403/1617	中国
87	T37BDXj	中国	117	980145	德国	147	Ⅱ9561	中国
88	921028 HO	美国	118	2001016HI	美国	148	Ⅱ8061136	中国
89	951017BDX	美国	119	S02IHXj	中国	149	A80416	中国
90	980158	德国	120	S03SIYXj	中国	150	ABM5	中国
91	980160	德国	121	S04GS	中国	151	Ⅲ887②	中国
92	9758 Ⅰ	中国	122	S05	中国	152	Ⅲ8941	中国
93	97135 Ⅰ	中国	123	9885	中国	153	Ⅱ8067	中国

续表

编号	名称	来源	编号	名称	来源	编号	名称	来源
154	7917M11	中国	172	780024A/6/1	中国	190	Ⅲ7411	中国
155	Ⅱ9536	中国	173	83461/1	中国	191	T-27	中国
156	H0131	中国	174	780016B/1-1	中国	192	7917M911	中国
157	7917M18	中国	175	8432/1	中国	193	KH-3	中国
158	7917M2014	中国	176	780024B/12/1	中国	194	J8671	中国
159	7818/4111	中国	177	86131/1	中国	195	J9451	中国
160	7918/141	中国	178	92011/1	中国	196	7917/120	中国
161	G9/95M2	中国	179	92017/1-8/1	中国	197	H0312	中国
162	G8	中国	180	92012-2-1/1	中国	198	D90M9	中国
163	81GM241	中国	181	92008丰/1	中国	199	B8035	中国
164	81GM213	中国	182	7909	中国	200	102AB④	中国
165	81GY44	中国	183	H1352	中国	201	8216M15	中国
166	SLZM3	中国	184	H133	中国	202	8216M152	中国
167	Ⅲ352M1ZM2	中国	185	F85621	中国	203	F86421	中国
168	780016A/1	中国	186	D90M6	中国	204	1902	中国
169	686-14/1	中国	187	D90M8	中国	205	F8035	中国
170	742优/1	中国	188	H104	中国			
171	7412/82/3-5/1	中国	189	T4M47	中国			

2.2.2　方法

本田间实验于2014~2018年在黑龙江大学呼兰校区褐斑病、根腐病、立枯病重病地块进行。实验采用随机区组排列法,3次重复,小区面积为10.0~13.2 m²。

2.2.2.1　相关指标的调查

品质性状指标包括块根产量、蔗糖含量、钾含量、钠含量、α-氮含量。农艺性状包括幼苗百株重、苗期生长势、繁茂期生长势、株高、维管束环数、下胚轴颜色、根形、根头大小、根沟深浅、根皮光滑度、肉质粗细、叶色、叶柄长度、叶面形、叶柄色、叶缘形、叶柄宽度、叶柄厚度。质量性状赋值如表 2-2 所示。

表 2-2 质量性状赋值

性状	赋值
下胚轴颜色	1:红,2:绿,3:混
根形	1:楔形,2:圆锥形,3:长圆锥形
根头大小	1:大,2:中,3:小
根沟深浅	1:深,2:浅,3:不明显
根皮光滑度	1:光滑,2:较光滑,3:不光滑
肉质粗细	1:细,2:中,3:粗
叶色	1:绿,2:浓绿,3:淡绿,4:黄绿
叶柄长度	1:长,2:中,3:短
叶面形	1:微皱,2:多皱,3:平滑,4:波浪
叶柄色	1:绿,2:白绿,3:淡绿,4:白
叶缘形	1:大波,2:中波,3:小波,4:全缘
叶柄宽度	1:宽,2:中,3:窄
叶柄厚度	1:厚,2:中,3:薄

根据相关标准计算杂质指数和可回收蔗糖含量,根据结果对应试材料品质性状进行评价。

2.2.2.2 抗性指标调查及标准

甜菜种质资源抗性指标有立枯病病情指数、褐斑病病情指数、根腐病病情指数。

田间自然发病,在发病盛期调查甜菜病害发生情况,根据田间调查结果按照表 2-3 进行病情分级,病情指数(DI)按下式计算:

$$病情指数 = 100 \times \frac{\sum(各级病株数 \times 发病级别)}{(调查总株数 \times 最高病级)} \qquad (2-1)$$

表 2-3　甜菜病害抗性鉴定标准

病害	高抗(HR)	抗病(R)	中抗(MR)
立枯病	—	DI≤3	3<DI≤6
褐斑病	DI≤20	20<DI≤30	30<DI≤40
根腐病	—	DI≤5	5<DI≤10
病害	中感(MS)	感病(S)	高感(HS)
立枯病	—	6<DI≤9	DI>9
褐斑病	40<DI≤50	50<DI≤60	DI>60
根腐病	—	10<DI≤20	DI>20

2.2.3　数据标准化及统计分析

实验数据经 Microsoft Excel 2017 整理,使用 R 4.0.3 语言软件对实验数据进行相关性分析、主成分分析与聚类分析。

2.3　结果与分析

2.3.1　品质性状分析

2.3.1.1　品质性状的遗传多样性分析

205 份甜菜种质资源品质性状变异情况如表 2-4 所示。5 个品质性状变异系数为 6.104%~33.830%,变幅较大。钠含量的变异系数最大,为 33.830%;蔗糖含量的变异系数最小,为 6.104%。其他性状的变异系数依次为 α-氮含量>钾含量>块根产量。在 5 个品质性状中,块根产量的极差最大,为 40.239 t/hm²。在本研究中,有 4 个品质性状的变异系数大于 10%,这说明应试种质品质性状的遗传多样性大,存在的差异大。该结果为品质性状的改良提供了较好的遗传基础。

表 2-4 205 份甜菜种质资源品质性状变异情况

项目	块根产量/ （t·hm⁻²）	蔗糖含量/ %	钾含量/ ［mmol· （100 g⁻¹）］	钠含量/ ［mmol· （100 g⁻¹）］	α-氮含量/ ［mmol· （100 g⁻¹）］
平均值	44.634	16.531	4.589	2.608	6.237
最大值	63.703	18.970	7.976	5.896	12.370
最小值	23.464	13.200	3.180	1.133	3.980
极差	40.239	5.770	4.796	4.763	8.390
方差	35.139	1.018	0.738	0.778	1.414
平均偏差	4.750	0.786	0.650	0.700	0.928
标准差	5.928	1.009	0.859	0.882	1.189
标准误	0.414	0.070	0.060	0.062	0.083
变异系数/%	13.281	6.104	18.716	33.830	19.069

2.3.1.2 品质性状之间的相关性分析

205 份甜菜种质资源品质性状之间的相关性如图 2-1 所示。蔗糖含量和钠含量、蔗糖含量和块根产量、蔗糖含量和 α-氮含量极显著负相关,蔗糖含量和钠含量之间相关系数为-0.60。块根产量和钠含量之间极显著正相关,相关系数为 0.39。这说明各个品质性状间具有联系且互相影响,在种质选育时应结合不同性状之间的相关性。

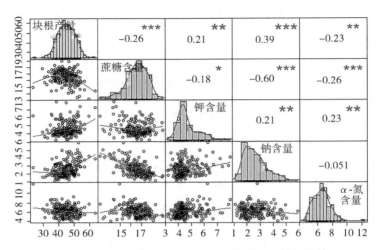

图 2-1　205 份甜菜种质资源品质性状之间的相关性

注:对角线表示变量性状自身的分布;右上方图格中数字表示对应行/列对角线上性状
之间的相关系数, ＊、＊＊、＊＊＊表示在 5%、1%、0.1%水平上的显著差异;左下方图格
为对应行/列对角线上性状之间的散点图。

2.3.1.3　用杂质指数、可回收蔗糖含量对品质性状进行评价

甜菜品质取决于可回收蔗糖含量及杂质指数,因此,为培育丰产优质甜菜
种质资源,应筛选利用可回收蔗糖含量高且杂质指数低的种质资源。笔者对参
试甜菜种质资源进行杂质指数计算,将种质按杂质指数分类,并求得各类块根
产量平均值。如表 2-5 所示,杂质指数小于 5.0 的甜菜种质资源共 104 份,块
根产量平均值为 43.8 t/hm²。以上结果表明,块根产量不与杂质指数正相关或者
负相关,这说明甜菜种质资源中杂质含量与产量并无直接的影响关系,但是,为了追
求更高的品质,在种质资源的进一步优化利用中,应选择杂质指数较低的种质资源。

可回收蔗糖含量是衡量甜菜蔗糖含量和甜菜品质的综合指标。为培育丰
产优质甜菜种质资源,应以可回收蔗糖含量大于 6 t/hm²、块根产量大于
50 t/hm² 为标准进行筛选。笔者从 205 份甜菜种质资源中,共筛选出 20 份丰产
优质种质资源[图 2-2(b)],最后精选出杂质指数小于 5.0 的丰产优质种质资
源 12 份(表 2-6)。这 12 份种质资源的可回收蔗糖含量平均值为 6.81 t/hm²,
块根产量平均值为 52.14 t/hm²,杂质指数平均值为 4.30,可供后续改良使用。

表 2-5 不同杂质指数对应的种质资源数量和块根产量

杂质指数	种质资源份数	块根产量平均值/(t·hm⁻²)	杂质指数平均值
(0~4.0)	28	43.4	3.7
[4.0~4.5)	34	44.9	4.3
[4.5~5.0)	42	43.1	4.7

注:[表示包含,(表示不包含。

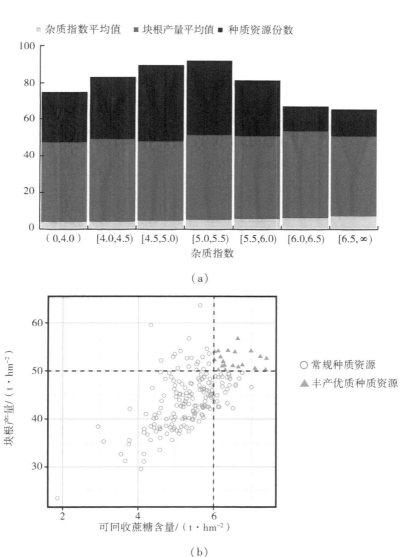

（a）

（b）

图 2-2 丰产优质种质资源筛选

表 2-6　杂质指数小于 5.0 的丰产优质种质资源

名称	可回收蔗糖含量/(t·hm⁻²)	块根产量/(t·hm⁻²)	杂质指数
81GM19	7.38	50.28	3.56
T11BDXj	7.09	50.53	3.91
HDW20	6.65	50.83	3.92
7909	6.76	51.25	4.02
G9/95M2	7.40	52.61	4.18
H0131	7.23	53.01	4.22
NAN4	6.99	54.14	4.46
T01-4BDX	6.56	53.94	4.47
D90M9	6.50	51.09	4.61
921028 HO	6.30	50.18	4.63
H181	6.63	56.70	4.79
F8543	6.28	51.17	4.88

2.3.2　农艺性状分析

2.3.2.1　农艺性状的遗传多样性分析

205 份甜菜种质资源农艺性状变异情况表 2-7 所示,18 个农艺性状变异系数为 4.20%~59.00%,可见变异系数有明显的差异且各农艺性状具有丰富的遗传变异信息。

205 份甜菜种质资源主要表现为叶色为绿色、叶柄长且宽但厚度适中、叶面多皱、叶柄呈白绿色、叶缘呈中波形,各叶部性状变异系数均超过 30%,叶色及叶面形变异系数高达 56.99%、59.00%,说明叶部性状的多样性指数较高,可有效利用遗传差异鉴别甜菜特异种质,挖掘甜菜优异种质。205 份甜菜种质资源根形多为楔形,根头偏大,根沟较深,根皮较光滑,肉质细,且变异系数较大。叶片是植物主要的同化器官,各项叶部性状决定了甜菜光合能力等;根是甜菜主要的产物来源,根部性状的好坏决定着甜菜产糖量的多少。笔者选取的 205 份甜菜种质资源叶部及根部具有高遗传多样性,可有效地运用于高品质甜菜的改良筛选。

表 2-7   205 份甜菜种质资源农艺性状变异情况

类型	性状	最小值	最大值	极差	平均值	标准差	变异系数/%
数量性状	幼苗百株重 /g	355.95	1 515.00	1 159.05	784.70	223.92	28.54
	苗期生长势/级	3.60	5.00	1.40	4.74	0.29	6.16
	繁茂期生长势/级	4.00	5.00	1.00	4.82	0.20	4.20
	株高/cm	38.70	94.10	55.40	67.59	8.65	12.80
	维管束环数	1.00	9.10	3.50	6.94	0.82	11.89
质量性状	下胚轴颜色	1	3	2	2.60	0.63	24.19
	根形	1	3	2	1.44	0.51	35.17
	根头大小	1	3	2	1.68	0.74	44.30
	根沟深浅	1	3	2	1.66	0.50	29.88
	根皮光滑度	1	3	2	2.18	0.47	21.75
	肉质粗细	1	3	2	1.80	0.64	35.62
	叶色	1	4	3	1.59	0.91	56.99
	叶柄长度	1	3	2	1.69	0.62	36.64
	叶面形	1	4	3	2.20	1.30	59.00
	叶柄色	1	4	3	2.36	0.74	31.28
	叶缘形	1	4	3	2.29	0.72	31.51
	叶柄宽度	1	3	2	1.25	0.48	38.21
	叶柄厚度	1	3	2	2.03	0.74	36.55

2.3.2.2 农艺性状的主成分分析

笔者对 205 份甜菜种质资源的 18 个农艺性状进行主成分分析,结果如图 2-3 所示。前 6 个主成分累计贡献率达 62.50%,具有主要代表性。

主成分 1 贡献率为 21.1%。主成分 1 中苗期生长势和繁茂期生长势特征向量值较大,为 0.45。主成分 1 为甜菜生长势因子。

主成分 2 贡献率为 12.6%。主成分 2 中幼苗百株重特征向量值较大,为 0.5;其次为叶柄长度,特征向量值为 0.4;株高特征向量值为 -0.38。主成分 2

为甜菜幼株生物量因子。

主成分 3 贡献率为 10.3%。主成分 3 中根形、根沟深浅、根头大小特征向量值较大,分别为 0.41、0.41、0.32。主成分 3 是甜菜的根部性状因子。

主成分 4 贡献率为 6.6%。主成分 4 中叶柄厚度特征向量值较大,为 0.55。叶柄厚度决定甜菜叶柄的挺立状态,从而间接影响甜菜光合作用等。叶柄是叶片与地面距离的关键决定因素,距离大可有效防止来自土壤中的病原体的侵害。主成分 4 为甜菜生长发育因子。

主成分 5 贡献率为 6.2%。主成分 5 中下胚轴颜色特征向量值较大,为 0.49;根皮光滑度特征向量值为 -0.47;叶缘形特征向量值为 -0.42。甜菜下胚轴颜色通常与株高、叶形等有关,且绿胚轴品系含糖率大多高于红胚轴品系。主成分 5 主要反映甜菜标记性状因子。笔者统计了其中 204 份甜菜种质资源,如图 2-3(c)所示,139 份种质资源为混合红绿胚轴,这说明这些种质资源具有良好的产糖率且遗传多样性丰富,可根据下胚轴颜色对种质资源进行进一步的分离纯化及标记选育。

主成分 6 贡献率为 5.7%。主成分 6 中维管束环数的特征向量值较大,为 0.26。维管束具有输导营养物质和水分的作用,多存在于茎叶部。主成分 6 为甜菜营养运输因子。

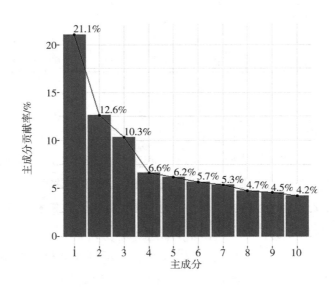

(a)

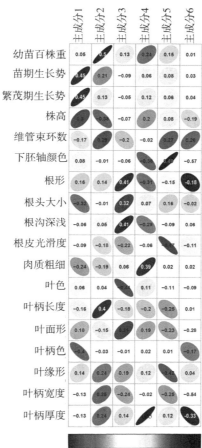

（b）

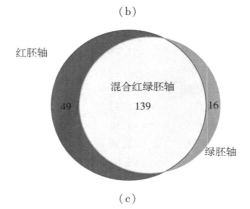

（c）

图 2-3 农艺性状的主成分分析

2.3.2.3　农艺性状的聚类分析

笔者将205份甜菜种质资源进行聚类分析,当欧氏距离为35时将205份甜菜种质资源分为4类(图2-4),同时对各类群18个农艺性状平均值进行计算和分析(表2-8)。

类群Ⅰ共包含58份种质资源,属于株高等性状均达到一般表现的种质资源,根形为楔形,肉质适中。类群Ⅱ共包含27份种质资源,幼苗百株重平均值高达981.84 g,维管束环数在4个类群中平均值较高,株高较低,下胚轴颜色为绿色,根头大小适中,叶柄适中,叶面微皱,属于生物量性状优秀、生长势适中、符合良好生长发育条件的种质资源。类群Ⅲ共包含59份种质资源,根头大,根部肉质细腻,属于生产条件较优的种质资源。类群Ⅳ共包含61份种质资源,苗期生长势和繁茂期生长势平均值在4个类群中最大,属于生长势强的种质资源。

表 2-8　各类群 18 个农艺性状平均值

类型	性状	类群Ⅰ	类群Ⅱ	类群Ⅲ	类群Ⅳ
数量 性状	幼苗百株重/g	622.80	981.84	905.62	721.01
	苗期生长势/级	4.45	4.49	4.89	4.96
	繁茂期生长势/级	4.66	4.60	4.94	4.96
	株高/cm	68.43	55.30	67.49	72.54
	维管束环数	6.76	7.79	6.98	6.60
质量性状	下胚轴颜色	2.63	2.52	2.47	2.75
	根形	1.29	1.41	1.36	1.67
	根头大小	2.04	2.44	1.22	1.43
	根沟深浅	1.71	1.89	1.52	1.66
	根皮光滑度	2.20	2.04	2.24	2.15
	肉质粗细	2.14	2.11	1.60	1.49
	叶色	1.32	1.33	1.88	1.64
	叶柄长度	1.54	2.11	2.00	1.31
	叶面形	2.36	1.37	1.76	2.89
	叶柄色	3.04	3.00	2.19	1.62
	叶缘形	2.05	2.07	2.71	2.21
	叶柄宽度	1.27	1.41	1.41	1.00
	叶柄厚度	1.89	2.70	2.07	1.80

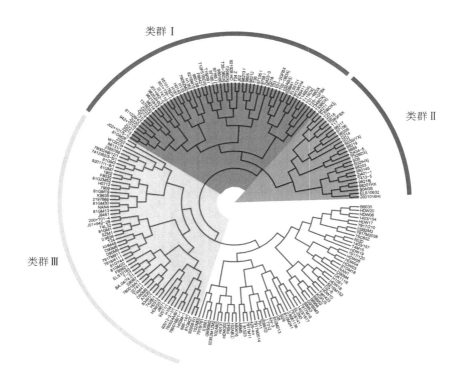

图 2-4 农艺性状的聚类分析

2.3.3 抗性指标调查分析

2.3.3.1 甜菜各类抗病种质的筛选

笔者根据表 2-3 对 205 份甜菜种质资源进行抗病性筛选,得到抗病种质并对其数量分布进行分析,如图 2-5 所示:205 份甜菜种质资源对褐斑病的抗性表现最佳,共有 172 份抗病资源,其中高抗种质资源为 46 份,抗病种质资源为 87 份,中抗种质资源为 39 份;对根腐病有抗性的种质资源共计 17 份,高抗种质资源为 0 份,抗病种质资源为 11 份,中抗种质资源为 6 份;对立枯病有抗性的种质资源有 4 份,均为中抗种质资源。

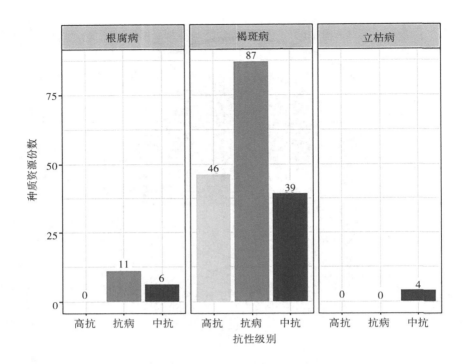

图 2-5　抗病种质数量分布

2.3.3.2　甜菜综合抗病种质的筛选

以单一抗病种质资源为基础,笔者进一步进行综合抗病种质筛选,结果表明:17 份抗根腐病种质资源中有 16 份同时可抗褐斑病;没有 3 种病害均抗品种;兼抗褐斑病和根腐病种质资源中有 5 份高抗褐斑病;10 份中抗褐斑病种质中有 9 份对立枯病表现为抗病,1 份对立枯病表现为中抗。上述结果说明,我国甜菜种质资源对褐斑病的抗性,远高于立枯病和根腐病。在抗病种质的选育改良中,应多引用外来种质资源并结合目前种质材料情况进行精准选择,以提高目标种质资源对各类病害的抗性。笔者筛选得出综合抗病种质如表 2-9 所示。

表 2-9　综合抗病种质

名称	褐斑病抗性	根腐病抗性	立枯病抗性
8216M152、H1352、F86421、7909、H133	高抗	抗病	无
8216M15、Zj214、Zj401-1、田 3I、98203	抗病	抗病	无
98201HX、F8035、1902、S02IHXj、T02-1BDXj、97156	中抗	无	抗病
B8953、T4L32、81GM3	中抗	无	抗病
D90M6	中抗	无	中抗

2.4　讨论与结论

2.4.1　讨论

　　甜菜是制糖工业的原料作物,根部主要用于生产糖类。探究甜菜种质资源的遗传多样性并拓宽各类性状的遗传基础,对甜菜种质资源的改良与选育有着重要的意义。本章实验材料为 205 份甜菜种质资源,数量大且遗传多样性广。笔者对甜菜品质性状、农艺性状、抗病性状进行综合性分析,这对甜菜育种中亲本的选配以及后代的选育有着一定的参考价值。

　　目前,品质性状的综合分析已经被普遍应用于作物种质资源研究中,甜菜块根中钾、钠、α-氮含量是影响甜菜品质性状的重要因素。本章研究表明:蔗糖含量和钠含量、α-氮含量极显著负相关,说明钠、α-氮等含量过高会导致甜菜蔗糖含量降低,影响品质以及产糖量;块根产量与蔗糖含量极显著负相关。有学者认为,甜菜块根产量受环境的影响较大,可通过控制外部环境条件解决选育过程中的问题。杂质指数反映了甜菜块根中有害性非糖物质、含糖率等因素综合下的杂质状况,本章研究表明,杂质指数与块根产量并无明显的影响关系,这与陈丽等的研究结果相似。当培育高品质甜菜时,可将杂质指数作为优化指标对种质进行筛选。笔者除了探讨块根产量这一丰产性状外,还通过可回收蔗糖含量对甜菜种质品质进行了更高标准的评价,可回收蔗糖含量与甜菜制糖效率有关,对其加以考虑有利于高工艺品质甜菜品种的选育。有研究表明,甜菜品质与外界环境和肥料施用有着较大的关联,因此在实验过程中应严格把控外部条件以排除种植方式或栽培方式不同带来的差异。对栽培土壤进行选择、采用膜下滴灌等栽培技术、妥善考虑施肥效应并合理选取肥料,可有效防止有害性非糖分物质带来的不良影响。

笔者对 205 份甜菜种质资源的下胚轴颜色、根形、叶面形等 18 个农艺性状进行综合评定,结果表明,叶部性状变异系数均超过 30%,这说明 205 份甜菜种质资源叶部性状具有较高的遗传多样性。叶片是植物光合作用的主要器官,叶部性状影响着叶绿素的含量。在植物中,叶绿素的含量在一定程度上决定了叶片氮营养的状况;氮素作为甜菜生长中必要的元素,可直接作用于甜菜,促进生长发育。因此,以叶部性状为基础的种质选育是非常关键的。研究人员可根据叶部性状在育种过程中筛选更有利于进行光合作用、营养传输等的高品质种质作为亲本。笔者依据农艺性状将 205 份甜菜种质资源分为 4 个类群。其中以94211、T30BDXIj 为代表的类群 II 具有幼苗百株重大、维管束环数多等优势,是性状表现优秀的一类种质资源,可作为改良甜菜生物量性状的材料;以81GM30、F85621 为代表的类群 III 根头偏大且肉质细腻,可作为改良甜菜产量的材料;以 B8035、HDW20 为代表的类群 IV 的苗期生长势和繁茂期生长势在 4 个类群中最大,可作为改良甜菜生长势的材料。本章研究结果可为亲本选育提供更有依据性的理论基础,在今后的工作中,应结合分子标记等先进技术进行分析。

对种质资源进行抗性筛选是预防甜菜病害较有效的途径。研究人员在甜菜抗性育种中已经取得了一定的突破。有学者对 RIL 与 NIL 群体进行 QTL 分析,检测出 2 个抗褐斑病 QTL 并对其多态性进行基因分型。研究表明,具有 11 个重复蛋白结构域的聚半乳糖醛酸抑制蛋白对引发甜菜根腐病的 3 种真菌病原体具有抗性。筛选利用综合抗病品种,可以提高抗病育种亲本以及子代的稳产性,有效解决抗性育种问题。外界环境对抗性有影响,应考虑组配品种在适种区域下的抗性。在未来的工作中,可利用 SSR 等技术手段合理筛选优质抗病品种,深化抗性基因的研究工作。甜菜抗性性状往往与品质性状表现相关,在进行抗性育种时,也应考虑品质性状并对种质开展多基因聚合育种,以避免病害流行以及产量损失。

2.4.2 结论

5 个品质性状变异系数为 6.104% ~ 33.830%,钠含量的变异系数最大,块根产量的极差最大。块根产量和钠含量之间呈极显著正相关。根据可回收蔗糖含量和杂质指数对种质进行筛选,筛选出块根产量大于 50 t/hm² 、杂质指数小于 5.0 的种质 12 份。18 个农艺性状遗传多样性分析表明被试种质资源遗传变异丰富,其叶部性状变异系数均在 30% 以上,可有效运用于高品质甜菜改良中;主成分分析表明前 6 个主成分累计贡献率达 62.50%,主成分 1 主要与甜菜生长有关,主成分 2 主要与甜菜幼株生物量有关,主成分 3 主要与甜菜根部性状有关,主成分 4 主要与甜菜生长发育有关,主成分 5 主要与甜菜标记性状有关,主成分 6 主要与甜菜营养运输有关。聚类分析将种质资源分成 4 类,其中以 94211、T30BDXIj 为代表的类群 Ⅱ 具有幼苗百株重大、维管束环数多等优势,是性状表现优秀的一类种质资源,可作为改良甜菜生物量性状的优质材料。

参考文献

[1] BUTORINA A K, KORNIENKO A V. Molecular genetic investigation of sugar beet(*Beta vulgaris* L.)[J]. Russian Journal of Genetics,2011,47:1141-1150.

[2] STARKE P, HOFFMANN C M. Dry matter and sugar content as parameters to assess the quality of sugar beet varieties for anaerobic digestion[J]. Sugar Industry,2014,139(4):232-240.

[3] STRAUSBAUGH C A. Interaction of *Rhizoctonia solani* and *Leuconostoc* spp. causing sugar beet root rot and tissue pH changes in Idaho[J]. Canadian Journal of Plant Pathology,2020,42(2):304-314.

[4] PISZCZEK J,PIECZUL K,KINIEC A. First report of G143A strobilurin resistance in *Cercospora beticola* in sugar beet(*Beta vulgaris*) in Poland[J]. Journal of Plant Diseases and Protection,2018,125:99-101.

[5] VOGEL J,KENTER C,HOLST C,et al. New Generation of resistant sugar beet

varieties for advanced integrated management of cercospora leaf spot in central Europe[J]. Frontiers in Plant Science,2018,9:222.

[6] HOFFMANN C M. Root quality of sugarbeet[J]. Sugar Tech, 2010, 12: 276−287.

[7] BACCICHET I,CHIOZZOTTO R,BASSI D,et al. Characterization of fruit quality traits for organic acids content and profile in a large peach germplasm collection [J]. Scientia Horticulture,2021,278:109865.

[8] AFSHAR R K,CHEN C C,ECKHOFF J,et al. Impact of a living mulch cover crop on sugarbeet establishment,root yield and sucrose purity[J]. Field Crops Research,2018,223:150−154.

[9] JABRO J D,STEVENS W B,IVERSEN W M,et al. Tillage depth effects on soil physical properties,sugarbeet yield,and sugarbeet quality[J]. Communications in Soil Science and Plant Analysis,2010,41(7):908−916.

[10] KANDIL E,ABDELSALAM N R,AZIZ A A A E. Efficacy of nanofertilizer,fulvic acid and boron fertilizer on sugar beet(*Beta vulgaris* L.) yield and quality [J]. Sugar Tech,2020,22:782−791.

[11] DEHKORDI E A,TADAYON M R,TADAYYON A. The effect of different fertilizers' sources on micronutrients' content and sugar quality of sugar beet[J]. Compost Science & Utilization,2019,27(3):161−168.

[12] LEE Y J,YANG C M,CHANG K W,et al. A simple spectral index using reflectance of 735 nm to assess nitrogen status of rice canopy[J]. Agronomy Journal, 2008,100(1):205−212.

[13] JIA S X,WANG Z Q,LI X P,et al. Effect of nitrogen fertilizer,root branch order and temperature on respiration and tissue N concentration of fine roots in *Larix gmelinii* and *Fraxinus mandshurica*[J]. Tree Physiology,2011,31(7): 718−726.

[14] WANG M,SHI S,LIN F,et al. Effects of soil water and nitrogen on growth and photosynthetic response of manchurian ash(*Fraxinus mandshurica*) seedlings in northeastern China[J]. PLoS ONE,2012,7(2):e30754.

[15] MEKDAD A A A,SHAABAN A. Integrative applications of nitrogen,zinc,and

boron to nutrients-deficient soil improves sugar beet productivity and technological sugar contents under semi-arid conditions[J]. Journal of Plant Nutrition, 2020,43(13):1935-1950.

[16]TAGUCHI K,OGATA N,KUBO T,et al. Quantitative trait locus responsible for resistance to Aphanomyces root rot (black root) caused by *Aphanomyces cochlioides* Drechs. in sugar beet[J]. Theoretical and Applied Genetics 2009,118: 227-234.

[17]LI H Y,SMIGOCKI A C. Sugar beet polygalacturonase-inhibiting proteins with 11 LRRs confer *Rhizoctonia*, *Fusarium* and *Botrytis* resistance in *Nicotiana* plants[J]. Physiological and Molecular Plant Pathology,2018,102:200-208.

[18]LIU Y X,KHAN M F R. Penthiopyrad applied in close proximity to *Rhizoctonia solani* provided effective disease control in sugar beet[J]. Crop Protection, 2016,85:33-37.

[19]KHODAEIAMINJAN M,KAFKAS S,MOTALEBIPOUR E Z. In silico polymorphic novel SSR marker development and the first SSR-based genetic linkage map in pistachio[J]. Tree Genetics&Genomes,2018,14:45.

[20]张福顺,林柏森,倪洪涛.影响甜菜品质的因素浅论[J].中国农学通报, 2017,33(22):24-29.

[21]陈丽,赵春雷,李彦丽,等.甜菜种质资源品质性状鉴定与评价[J].中国农学通报,2019,35(23):23-28.

[22]兴旺,崔平,潘荣,等.不同国家甜菜种质资源遗传多样性研究[J].植物遗传资源学报,2018,19(1):76-86.

[23]张自强,王良,白晨,等.104份甜菜种质资源主要农艺性状分析[J].作物杂志,2019(3):29-36.

[24]王希,陈丽,赵春雷,等.表型与分子标记相结合分析130份糖用甜菜种质的遗传多样性[J].中国农学通报,2018,34(30):26-36.

[25]丁广洲,陈丽,陈连江,等.甜菜花叶病及种质资源抗性的研究进展[J].中国农学通报,2012,28(31):102-108.

[26]刘景泉.甜菜品质性状的遗传相关及评价方法[J].中国糖料,1990(1): 51-57.

［27］崔平.甜菜种质资源描述规范和数据标准［M］.北京：中国农业出版社，2006.

［28］孙铭，符开欣，范彦，等.15份多花黑麦草优良引进种质的表型变异分析［J］.植物遗传资源学报，2016，17（4）：655-662.

［29］董树亭.植物生产学［M］.北京：高等教育出版社，2003.

［30］王华忠，张文彬.甜菜下胚轴颜色选择对后代品系及杂交组合的影响［J］.作物学报，2007，33（6）：1029-1033.

［31］李文红，张朝显.采种甜菜维管束环的形成特征观察［J］.中国糖料，1993（4）：61.

［32］颉瑞霞，张小川，吴林科，等.马铃薯种质资源主要品质性状分析与评价［J］.分子植物育种，2020，18（20）：6828-6836.

［33］刘升廷，张立明，蔡惠珍，等.甜菜育种动向与展望［J］.中国糖料，2016，38（4）：56-61.

［34］刘迎春，李文，黄枭.甜菜品质性状定向选择的研究［J］.中国糖料，1999（1）：6-9.

［35］李智，李国龙，孙亚卿，等.膜下滴灌水氮供应对甜菜氮素同化和利用的影响［J］.植物生理学报，2019，55（6）：803-813.

［36］李慧琴，于娅，王鹏，等.270份陆地棉种质资源农艺性状与品质性状的遗传多样性分析［J］.植物遗传资源学报，2019，20（4）：903-910.

［37］乔志文，陆安军，韩成贵.黑龙江省甜菜立枯病病区和品种抗病性分类研究［J］.中国农学通报，2018，34（12）：152-158.

［38］苏爱国，王帅帅，段赛茹，等.玉米抗禾谷镰孢菌穗粒腐病种质资源鉴定［J］.植物遗传资源学报，2021，22（4）：971-978.

3　甜菜 *NBS-LRR* 基因家族的
鉴定与分析

3.1　研究背景

3.1.1　植物抗病基因的研究概述

抗病基因是反映植物抗病性的基础,也是植物免疫反应的特异性决定因素。当抗病基因与病原体无毒基因发生互作时,植物的防御反应就会被触发。主要机制:用抗病基因编码的蛋白质检测病原体效应物靶向植物蛋白的状态;当效应物修饰靶向植物蛋白时,抗病基因编码的蛋白质会被激活,从而引发过敏反应并导致被感染的植物细胞死亡,防止病原体进一步传播。抗病基因编码的蛋白质有共同的基序,如富含亮氨酸重复序列(LRR)、核苷酸结合位点(NBS)、蛋白激酶(PK)和跨膜结构域(TM),这些基序以不同的顺序排列组合成不同序列。根据保守特征,抗病基因编码的蛋白质可分为 5 类,分别为 NBS-LRR、LRR-TM-PK、LRR-TM、PK 和抗 Hs1pro-1 线虫的蛋白质。其中,NBS-LRR 蛋白质数量较多,*NBS-LRR* 基因构成了植物较大的抗病基因家族,在植物抵御病原体侵染过程中发挥着重要作用。

3.1.2　*NBS-LRR* 基因家族的结构与功能

NBS-LRR 基因家族包含 3 个结构域,分别为可变 N-末端、NBS 和 LRR。根据 N-末端的结构域中是否存在 Toll/白细胞介素-1 受体(TIR),*NBS-LRR* 基因家族被分为 2 个亚家族:一是具有 TIR 的同源结构域,称为 TIR-NBS-LRR(TNL)型亚家族;二是不具有 TIR 结构,但通常具有卷曲螺旋(CC)结构,称为 CC-NBS-LRR(CNL)型亚家族。有学者在被子植物中发现了具有白粉病抗性结构(RPW8)的亚家族,称为 RPW8-NBS-LRR(RNL)型亚家族;该研究结果表明,TNL 和 CNL 型亚家族蛋白通常作为检测病原体的传感器,RNL 型亚家族蛋白在免疫信号的转导中起作用。

NBS-LRR 基因家族中不同的结构域具有不同的功能。高度保守的 NBS 结构域与 ATP 和 GTP 结合并进行水解反应,为下游信号转导提供能量。*NBS-*

LRR 基因家族具有中心核苷酸结构域,被称为 APAF-1、R 蛋白和 CED-4 共享的核苷酸结合接头(NB-ARC)。

NB-ARC 通常作为分子开关,以结合和水解核苷酸的方式来调节 Nod 样受体(NLR)的活性。因此,NB-ARC 是 *NBS-LRR* 基因家庭中较保守的结构域,常用于筛选 *NBS-LRR* 基因家族成员。

NBS 由大约 300 个氨基酸序列组成,具有 8 个不同的保守基序(即 P-LOOP、RNBS-A、KINASE-2、RNBS-B、RNBS-C、GLPL、RNBS-D、MHDV);这 8 个基序在每个亚家族中的保守性并不一致;在拟南芥的 CNL 型和 TNL 型亚家族中,P-LOOP、GLPL 和 KINASE-2 具有较高的相似性,RNBS-A、RNBS-C 和 RNBS-D 的相似性较低。TIR 结构域与下游信号系统 EDS1 的激活相关,大约由 200 个氨基酸组成,包含高度保守的基序。

3.1.3　甜菜抗病基因的研究进展

为了满足制糖需求和甜菜生产,培育高产优质且抗病性强的品种成为甜菜育种的主要目标。甜菜育种系统具有生命周期长、自交不亲和等特性,这种复杂的育种系统在一定程度上阻碍了甜菜抗病性状遗传学的深入研究,所以近年来关于甜菜抗病基因的研究越来越多。有学者发现甜菜中有 2 个具有抗丛根病特性的基因簇,分别为 *Rz*1 和 *Rz*2。研究表明,*Rz*2 是位于甜菜 3 号染色体上的 CNL 型亚家族基因;有学者对 *Rz*2 基因座进行了比较基因组学分析,并对其位置进行了预测。有学者通过第 2 代测序技术对多个甜菜抗病易位系进行全基因组测序,从而找到甜菜抗线虫基因 *Hs*1-2 的位点。

NBS-LRR 基因家族是较大的抗病基因家族,在植物抗病过程中具有重要作用。关于 *NBS-LRR* 基因家族的研究已经在拟南芥、水稻、马铃薯、小麦等作物中有大量报道,关于甜菜 *NBS-LRR* 基因家族鉴定的研究鲜有报道。为明确甜菜中由抗病基因编码的基因家族成员及其功能,笔者采用生物信息学方法对甜菜 *NBS-LRR* 基因家族进行鉴定并进行分析,为甜菜抗病基因的研究提供参考。

3.2 材料与方法

3.2.1 获得甜菜全基因组序列

从 NCBI 网站下载甜菜基因组数据库,基因组总基因数为 43 496 个,基因组大小为 394.6 Mb。

3.2.2 甜菜 *NBS-LRR* 基因家族鉴定

下载 *NBS-LRR* 基因家族保守结构域 NB-ARC(ID:PF00931)的序列信息,保存为 PF00931_seed.txt,运用 HMMER 软件下的 hmmbuild 程序构建 NB-ARC 序列的 HMM 模型,保存为 PF00931.hmm 文件。通过 hmmsearch 程序用 PF00931.hmm 文件对甜菜全基因组蛋白质数据库进行搜索,从结果中筛选出 E-value 值 $<1 \times 10^{-20}$ 的蛋白质序列并与水稻、拟南芥、大豆的可靠 *NBS-LRR* 基因合并建立 fasta 文件。将合并后的 fasta 文件通过 Clustal Omega 进行多重序列比对,得到 sto 文件。利用 hmmbuild 程序构建 sto 文件的 hmm 模型,即甜菜特异 NB-ARC HMM 模型。利用甜菜特异 NB-ARC HMM 模型再次搜索甜菜全基因组蛋白质序列,选取 E-value 值 <0.01 的蛋白质序列信息并构建新的文件 (BV-HIGH.fasta),即甜菜高特异性 NB-ARC 蛋白质序列。随后将 BV-HIGH.fasta 序列信息在 NCBI Conserved Domains Tool 和 Pfam Batch search 中进行结构域预测,再一次筛选结构域符合的蛋白质序列,去除结构域缺失严重的序列,最终得到甜菜 *NBS-LRR* 基因家族信息库。

3.2.3 甜菜 *NBS-LRR* 基因家族染色体定位与分布

从 NCBI 网站上查找甜菜 *NBS-LRR* 基因家族的序列信息,并获得甜菜 9 条染色体的相关信息,用 Mapgene 在线工具绘制染色体定位图。划分甜菜 *NBS-LRR* 家族基因簇的原则是 2 个 *NBS-LRR* 基因家族成员间的距离小于 200 kb 且这 2 个成员间的非 *NBS-LRR* 基因数目不得多于 8 个。

3.2.4 NBS 关联的保守结构域分类

将筛选出的甜菜 *NBS-LRR* 类基因序列用 NCBI Conserved Domains Tool 和 Pfam Batch search 进行结构域预测,对其结构域类型和数量逐一进行统计。

3.2.5 甜菜 CNL 亚家族保守基序和结构域保守性分析

从甜菜 *NBS-LRR* 基因家族中提取具有完整 CC、NBS 和 LRR 结构域的序列,通过 MEME 网站进行保守基序分析。将 MEME 运行结果(mast. xml)导入 TBtools 中进行可视化处理。将 CC-NBS-LRR 型序列用 Mafft 程序进行多重序列比对,随后使用 Gblocks 提取比对结果中的保守区域,利用 Jalview 将结果可视化分析。

3.2.6 甜菜 *NBS-LRR* 基因家族系统进化分析

将分类后得到的 CC-NBS 型和 CC-NBS-LRR 型序列,通过 Mafft 程序进行多序列比对,利用 MEGA X 软件,选择 Maximum Likehood 法,设置运行参数为 WAG with Freqs. (+F)model、Bootstrap=500,构建甜菜 *NBS-LRR* 基因家族系统进化树。

3.2.7 甜菜 *NBS-LRR* 基因家族顺式作用元件分析

从甜菜 *NBS-LRR* 基因家族中随机筛选出 18 个分属于 NL、CNL、TNL 和 RNL 型亚家族的基因序列,其中 NL 型亚家族有 8 个,CNL 型亚家族有 7 个,TNL 型亚家族有 2 个,RNL 型亚家族有 1 个。利用 TBtools 软件提取 18 个序列转录起始位点上游 2 000 bp,并使用 PlantCARE 对甜菜 *NBS-LRR* 基因家族进行与启动子相关顺式作用元件分析,最后通过 Excel 2003 进行可视化。

3.2.8 甜菜 *NBS-LRR* 基因家族同源性分析

从 CNL 型亚家族中提取 12 个属于 CC-NBS-LRR 类型的序列,提取 RNL 型亚家族中 1 个属于 RPW8-NBS 类型的序列,将 13 个序列通过 NCBI 网站的 BLAST 进行同源基因对比,从中筛选同源性较高的其他物种的抗病基因。

3.3 结果与分析

3.3.1 甜菜 *NBS-LRR* 基因家族鉴定

笔者对甜菜全基因组蛋白质数据库进行搜索,从结果中筛选出 E-value 值 $<1×10^{-20}$ 的蛋白质序列,共 256 个;通过 Clustal Omega 将 256 个 NB-ARC 序列和水稻、拟南芥、大豆的可靠 *NBS-LRR* 序列进行多重序列比对,利用 hmm-build 程序构建甜菜特异 NB-ARC HMM 模型,再次搜索甜菜全基因组蛋白质序列,以 E-value 值 <0.01 为标准,获得 987 个甜菜高特异性 NB-ARC 蛋白质序列。如表 3-1 所示,甜菜 *NBS-LRR* 基因家族成员有 267 个,约占甜菜全基因组基因总数(43 496)的 0.614%。根据结构域类型,可将 *NBS-LRR* 基因家族成员分为 N(NBS)、NL(NBS-LRR)、CNL(CC-NBS-LRR)、TNL(TIL-NBS-LRR)和 RNL(RPW8-NBS-LRR)这 5 个亚家族,其中 N 型亚家族有 110 个成员,NL 型亚家族有 25 个成员,CNL 型亚家族有 128 个成员,TNL 型亚家族有 3 个成员,RNL 型亚家族有 1 个成员。

表 3-1 甜菜 *NBS-LRR* 基因家族鉴定

亚家族	结构域预测	代码	甜菜
N 型	NBS	N	83
		N-PLN03210	15
		N-PLN00113	11
	NBS NBS	NN	1

续表

亚家族	结构域预测	代码	甜菜
NL 型	NBS LRR	NL	16
		NL-PLN03210	7
	NBS NBS LRR	NNL	1
	NBS LRR LRR	NLL	1
CNL 型	CC NBS	CN	55
		CN-PLN03210	22
		CN-PLN00113	3
		$C_X N$	17
		$C_X N$-PLN00113	3
		$C_X N$-PLN03210	1
	CC NBS NBS	CNN	1
		$C_X NN$-PLN00113	2
	CC NBS LRR	CNL	12
		CNL-PLN03210	9
		CNL-PLN00113	2
	CC NBS LRR LRR	CNLL	1
TNL 型	TIR NBS	TN	1
	TIR TIR NBS	TTN	2
	TIR NBS LRR	TNL	—
RNL 型	RPW8 NBS	RN	1

3.3.2　甜菜 *NBS-LRR* 基因家族染色体定位与分布

　　根据获取的甜菜基因组数据库信息,笔者利用 Mapgene 在线工具确定了甜菜 *NBS-LRR* 基因家族在染色体上的分布情况,结果如图 3-1 所示。甜菜 *NBS-LRR* 基因家族序列不均匀分布于 9 条染色体上,其中有 3 个序列位于 1 号染色体,60 个序列位于 2 号染色体,45 个序列位于 3 号染色体,36 个序列位于 4 号染色体,12 个序列位于 5 号染色体,7 个序列位于 6 号染色体,57 个序列位于 7 号染色体,8 个序列位于 9 号染色体,没有序列位于 8 号染色体。

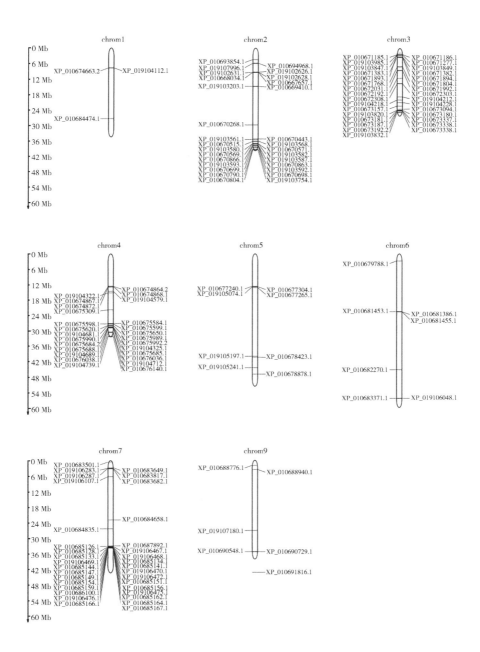

图 3-1 甜菜 *NBS-LRR* 基因家族染色体定位与分布

注:图中仅展示能确定具体定位的序列。

　　NBS-LRR 基因家族在染色体上除了以单基因的形式存在,还存在多个基因簇,这种现象还存在于甘薯、向日葵和玉米中。根据基因簇划分原则,如表3-2所示,共有 27 个基因簇,包含 167 个甜菜 *NBS-LRR* 基因,占 *NBS-LRR* 基因家族成员总数的 73.25%,这说明大部分 *NBS-LRR* 基因家族成员在甜菜中是以基因簇的形式存在,仅有 26.75% 的序列以单基因形式存在。最大基因簇位于7 号染色体上,总计 37 条序列;3 号染色体上基因簇数目最多,共 7 个,这表明3 号和 7 号染色体上可能存在大规模的基因复制事件。27 个基因簇中包含167 个基因,平均每个簇包含 6.19 个基因。

表 3-2　甜菜 *NBS-LRR* 基因家族统计

染色体	基因数目	基因簇/基因数目	最大基因簇基因数目
1	3	1/2	2
2	62	2/57	18
3	45	7/34	9
4	35	6/19	6
5	11	1/4	4
6	7	2/5	3
7	57	2/46	37
9	8	0	0
总数	228(缺失 39 条)	27/167	79

3.3.3　甜菜 CNL 型亚家族保守基序和结构域保守性分析

　　将 24 个具有完整 CC、NBS 和 LRR 结构域的 CNL 型亚家族序列提取出来并进行 MEME 检测,筛选了 15 个具有较高相似度的结构域 motif1-motif15,如图 3-2 所示,以横线连接起来表示 motif 的顺序关系,其存在规律为 motif13-motif10-motif1-motif4-motif6-motif5-motif15-motif2-motif7-motif14-motif3-motif8-motif9-motif12-motif11。motif1、motif2、motif3 和 motif6 的保守性最高,在24 个序列中均有分布。motif12 多数位于 motif3 之后,只有 1 个序列的 motif12位于 motif1 前。有 4 个序列具有 15 个完整的 motif,motif13 和 motif10 存在于 5

个序列中。motif1-motif4-motif6-motif5-motif2-motif7 的区域保守性较高。

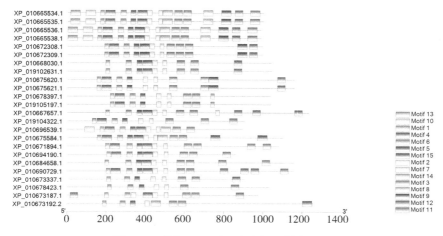

图 3-2 甜菜 CNL 型亚家族保守基序分析

笔者对甜菜 *NBS-LRR* 基因家族 CNL 型亚家族的 24 个序列进行多序列比对,发现 7 个保守性较高的基序,分别为 P-LOOP、RNBS-A、KINASE-2、RNBS-B、GLPL、RNBS-D 和 MHDV。根据图 3-3,P-LOOP 最可能的氨基酸序列为 GIYGM<u>GGVGKTT</u>LA(下划线部分为氨基酸保守性较强序列,下同),RNBS-A 最可能的氨基酸序列为 GIV<u>WVD</u>VS,KINASE-2 最可能的氨基酸序列为 KKYL-<u>LILDDVW</u>,RNBS-B 最可能的氨基酸序列为 GGKVIL<u>TTRS</u>,GLPL 最可能的氨基酸序列为 <u>CGGLPLAII</u>VMG,RNBS-D 最可能的氨基酸序列为 <u>CFLYCALFP-KGxILIDLWIAEGLL</u>,MHDV 最可能的氨基酸序列为 VKMHDLIHDMA。笔者对 CNL 型亚家族序列进行基序识别和分析,如图 3-4 所示,CNL 型亚家族具有 7 个较保守的基序,分别为 P-LOOP、RNBS-D、KINASE-2、RNBS-A、GLPL、RNBS-B、MHDV,缺失 RNBS-C 保守基序,与多序列比对结果相一致。

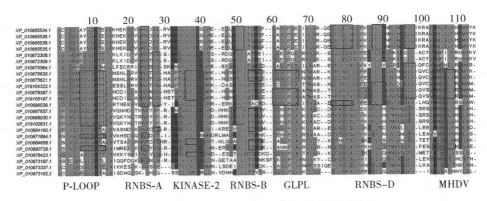

图 3-3　甜菜 CNL 型亚家族结构域保守性分析

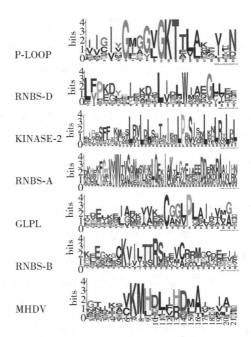

图 3-4　甜菜 CNL 型亚家族结构域及氨基酸保守性分析

3.3.4　甜菜 *NBS-LRR* 基因家族系统进化分析

将甜菜 CNL 型亚家族中 128 个序列进行多重序列比对后构建系统进化树，如图 3-5 所示：存在 3 个明显的主分支，24 个具有完整 CC、NBS 和 LRR 结构域的序列位于同一分支中,推测 LRR 结构域影响这类基因的进化方式;具有 CX 结构域的序列集中分布在另一分支中;具有 PLN03210 和 PLN00113 的序列没有分布到同一分支中,说明 CNL 型亚家族的系统进化受 CC、NBS 和 LRR 结构域的影响较大,PLN03210 和 PLN00113 对系统进化的影响较小。

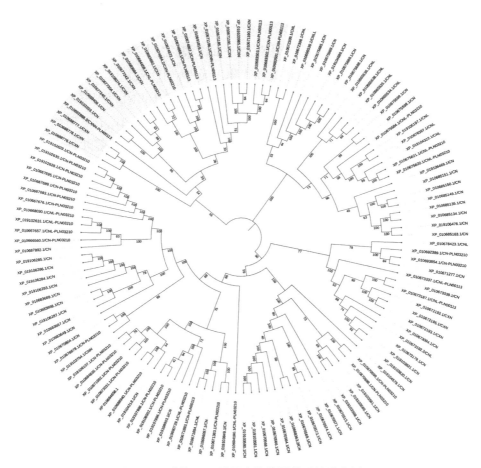

图 3-5 甜菜 CNL 型亚家族基因的系统进化树

3.3.5 甜菜 *NBS-LRR* 基因家族顺式作用元件分析

笔者对甜菜 *NBS-LRR* 基因家族 4 个不同亚家族的基因序列进行启动子相

关顺式作用元件分析,结果如图 3-6 所示。18 个序列共含有 19 种不同的顺式
作用元件,其中包含 5 种植物激素相关元件,有赤霉素、脱落酸、水杨酸、茉莉酸
甲酯和生长素元件,每个序列均包含 1~4 个植物激素相关元件;CNL 型亚家族
和 NL 型亚家族均包含此 5 种元件,TNL 型亚家族缺少水杨酸元件,RNL 型亚家
族缺少水杨酸和茉莉酸甲酯元件。10 个序列含有赤霉素元件,8 个序列含有脱
落酸元件,11 个序列含有水杨酸元件,8 个序列含有茉莉酸甲酯元件,10 个序列
含有生长素元件。以上结果说明甜菜 *NBS-LRR* 基因家族受植物激素调节。

　　18 个序列还包含多种胁迫相关顺式作用元件,如低温胁迫、厌氧诱导、防御
和胁迫、伤口响应等。5 个序列含有低温胁迫元件,属于 CNL 型亚家族和 NL 型
亚家族;仅有 NL 型亚家族的 1 条序列含有伤口响应元件;12 个序列含有厌氧
诱导元件。胚乳表达、叶肉细胞分化、生理节律、分生组织表达等元件也存在于
不同的序列中,18 个序列中仅有 1 个序列不含光元件。

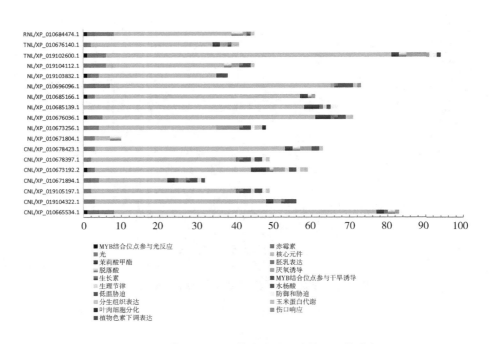

图 3-6　甜菜 *NBS-LRR* 基因家族顺式作用元件分析

3.3.6 甜菜 *NBS-LRR* 基因家族同源性分析

笔者对甜菜 13 个序列进行同源性分析，13 个序列均匹配到同源性较高的其他物种的同源基因（表 3-3）。甜菜 RNL 型亚家族的序列与藜麦相关序列的同源性最高，为 78.99%；其次为 CNL 型亚家族中的 2 条序列，与菠菜同一抗病蛋白序列同源性为 70.84%。这可能由于在甜菜、菠菜、藜麦物种分离前，CNL 和 RNL 型亚家庭已经存在。

表 3-3　甜菜 CNL 型和 RNL 型亚家族同源性分析

序列编号	亚家族	同源基因	序列编号	同源性
XP_010665534.1	CNL	藜麦假定抗病蛋白 At4g27220（LOC110687334）	XM_021863969.1	62.46%
XP_010665535.1	CNL	藜麦假定抗病蛋白 At4g27220（LOC110687334）	XM_021863969.1	62.46%
XP_010665536.1	CNL	藜麦假定抗病蛋白 At4g27220（LOC110687334）	XM_021863969.1	62.46%
XP_010665538.1	CNL	藜麦假定抗病蛋白 At4g27220（LOC110687334）	XM_021863969.1	62.46%
XP_010671894.1	CNL	菠菜抗病蛋白 RGA2 - like（LOC110783169）	XM_021987483.1	53.68%
XP_010672308.1	CNL	菠菜抗病蛋白 At4g27190-like（LOC110785425）	XM_021989868.1	70.84%
XP_010672309.1	CNL	菠菜抗病蛋白 At4g27190-like（LOC110785425）	XM_021989868.1	70.84%
XP_010673192.2	CNL	藜麦假定抗病蛋白 RPP13-like protein 1（LOC110714708）	XM_021893233.1	38.97%
XP_010678397.1	CNL	藜麦假定抗病蛋白 At4g27220（LOC110720119）	XM_021899119.1	44.46%
XP_010678423.1	CNL	藜麦假定抗病蛋白 RGA3（LOC110734394）	XM_021914532.1	50.71%

续表

序列编号	亚家族	同源基因	序列编号	同源性
XP_019104322.1	CNL	藜麦假定抗病蛋白 At4g27220（LOC110720119）	XM_021899119.1	44.41%
XP_019105197.1	CNL	藜麦假定抗病蛋白 At4g27220（LOC110720119）	XM_021899119.1	44.46%
XP_010684474.1	RNL	藜麦假定抗病蛋白 At4g33300（LOC110693822）	XM_021870973.1	78.99%

3.4 讨论与结论

3.4.1 讨论

甜菜基因组特征的剖析对基因组学的进一步探究至关重要。生物信息学的快速发展为植物全基因组测序和基因功能挖掘提供了有力手段,目前已经有多种植物进行了抗病基因的鉴别与注释,如拟南芥、水稻、杨树等。笔者应用生物信息学方法获得了甜菜 *NBS-LRR* 基因家族,得到 267 个甜菜 *NBS-LRR* 基因家族基因成员,占甜菜全基因组基因总数的 0.614%。有学者将甜菜 *NBS-LRR* 基因家族占比与甘薯、木薯、水稻、拟南芥和乌拉尔图小麦进行对比,结果表明,甘薯 *NBS-LRR* 基因家族占全基因组基因总数的比例为 0.21%,甜菜 *NBS-LRR* 基因家族占全基因组基因总数的比例为 0.61%,木薯 *NBS-LRR* 基因家族占全基因组基因总数的比例为 1.07%,水稻 *NBS-LRR* 基因家族占全基因组基因总数的比例为 1.43%,乌拉尔图小麦 *NBS-LRR* 基因家族占全基因组基因总数的比例为 1.50%,木薯、水稻、拟南芥、乌拉尔小麦 *NBS-LRR* 基因家族占全基因组基因总数的比例均大于甜菜。有学者基于甜菜转录组数据和序列同源性对甜菜 17 151 个基因进行功能注释,检测到甜菜抗病基因数量较少,这与甜菜 *NBS-LRR* 基因家族占全基因组基因总数的比例较低的结果相似。

笔者根据结构域的类型和数量,对本研究获得的 267 个 *NBS-LRR* 基因家族成员进行分类,分为 N、NL、CNL、TNL、RNL 型亚家族;CNL 型亚家族序列最多,共计 128 条,占 *NBS-LRR* 基因家族的 47.9%。有学者对乌拉尔图小麦 *NBS-LRR* 基因家族进行鉴定,结果表明,大量基因序列存在 PLN00113 结构域;本研究结果表明,甜菜除了有 21 个序列含有 PLN00113 结构域外,还有 54 个序列含有 PLN03210 结构域。

本研究表明:甜菜 CNL 型亚家族序列数量最多,含有 CC、NBS、LRR 结构域的序列只有 24 个,含有 LRR 结构域的序列有 49 个;具有 TIR 结构域的 3 个序列均缺失 LRR 结构域;甜菜不具有经典的 TIR-NBS-LRR 结构域。有学者在甜菜和菠菜中均发现了 TNL 型亚家族,推测这可以作为甜菜分属于藜科的证据。有学者以 TIR 序列搜索甜菜 EST 数据库来验证甜菜基因组中是否存在 TIR 型亚家族,最终搜索到了 1 个 TIR 序列,但此序列的 TIR 区不含有保守的 NBS 结构域,推测这个序列很可能是残缺的或者在进化过程中丢失了 *NBS-LRR* 抗性序列的痕迹,这个推测在本研究中再一次得到验证。单子叶植物及木兰属植物中也极少出现 TIR-NBS-LRR 序列,推测甜菜与单子叶植物在进化过程中具有一定的相似性。在拟南芥中,TIR 型抗性基因和非 TIR 型抗性基因通过不同的信号转导方式来实现抗病反应,例如,TIR 型抗性基因需要 *EDS*1 等位基因激活细胞的过敏反应,非 TIR 型抗性基因需要 *NDR*1 等位基因来传递信号。甜菜中是否存在与拟南芥类似的 TIR 相关抗病信号转导机制还需要进一步分析验证。

本研究结果表明,在基因定位过程中,存在 39 个序列无法定位到染色体上,推测基因组测序数据并不完整。有研究表明,决定植物抗病性的基因经常聚集在基因组中,形成基因簇,所以抗病基因在植物中通常以单基因和基因簇这 2 种形式存在。有学者以番茄为实验材料,结果表明,番茄 *NBS-LRR* 基因家族有 252 个成员,存在 53 个基因簇(共包含 160 个抗病基因)。有学者以马铃薯为实验材料,结果表明,马铃薯 *NBS-LRR* 基因家族有 370 个成员,存在 63 个基因簇(共包含 271 个基因),仅有 26.76% 的基因没有组成基因簇。有学者发现,在水稻和拟南芥中分别有 75.9% 和 73.2% 的抗病基因以基因簇的形式存在。本研究表明,甜菜 *NBS-LRR* 基因家族共存在 27 个基因簇,包含 167 个基因,占 *NBS-LRR* 基因家族成员总数的 73.25%,这表明 *NBS-LRR* 基因家族在甜菜中的存在形式与其他植物一致,均以基因簇为主,少数基因以单基因形式存在。研究表明,甘薯有 231 个基因分布于 81 个基因簇中,占基因家族成员总数(379)的 60.95%,平均每个簇含有 2.85 个基因,以上结果说明甜菜 *NBS-LRR*

基因家族的复制规模和分布密度比甘薯高。基因簇中的成员基因均属于同一祖先基因扩增的产物,因此对基因簇进行进一步的序列分析,将有助于理解在与病原体的长期互作过程中发生的选择机制。

笔者对 CNL 型亚家族进行结构域保守性分析,发现 CNL 型亚家族序列具有 P-LOOP、RNBS-D、KINASE-2、RNBS-A、GLPL、RNBS-B、MHDV 共 7 个保守基序,缺失 RNBS-C 保守基序。

有研究表明,TNL 型抗病基因和非 TNL 型抗病基因可以通过 KINASE-2 末端氨基酸残基来区分。笔者利用 MEGA X 对 CNL 型亚家族的 128 条序列构建系统进化树,发现影响 CNL 型亚家族进化关系较大的结构域是 CC、NBS 和 LRR,PLN03210 和 PLN00113 结构域与系统进化关系较小。从 NL、CNL、TNL 和 RNL 型亚家族中随机筛选 18 个基因,对其进行启动子相关顺式作用元件分析,共发现 19 种顺式作用元件,其中包含 5 种植物激素相关元件、不同胁迫响应元件、植物生理相关响应元件、光元件等,并且顺式作用元件的分布与不同亚家族的结构域关系不明显,推测顺式作用元件与结构域的功能相互独立;各种胁迫响应元件表明这些基因存在不同抗性,具体抗性机制还需进一步研究。笔者对甜菜 CNL 型和 RNL 型亚家族的 13 个序列进行同源性分析,发现同源基因来自甜菜同科的菠菜和藜麦,并且全部为假定抗病蛋白和已经进行注释的抗病蛋白,这说明甜菜、菠菜和藜麦等亲缘关系较近的植物之间的研究极具参考价值,并推测 NBS-LRR 基因家族中的 CNL 型和 RNL 型亚家族在 3 个物种分离之前就已经存在。

3.4.2 结论

NBS-LRR 基因家族成员有 267 个,约占甜菜全基因组基因总数的 0.614%。根据结构域类型,可将 NBS-LRR 基因家族成员分为 N、NL、CNL、TNL 和 RNL 这 5 个亚家族。这些基因大多位于 2 号、3 号、4 号和 7 号染色体上,且有 73.25% 的基因以基因簇的形式存在。

甜菜 CNL 型亚家族有 7 个较保守的基序,分别为 P-LOOP、RNBS-A、KINASE-2、RNBS-B、GLPL、RNBS-D 和 MHDV,缺失 RNBS-C 保守基序。CNL 型亚家族的系统进化受 CC、NBS 和 LRR 结构域的影响较大,PLN03210 和

PLN00113 对系统进化的影响较小。

甜菜 *NBS-LRR* 基因家族有植物激素相关元件(包括赤霉素、脱落酸、水杨酸、茉莉酸甲酯和生长素元件),还有低温胁迫、厌氧诱导、防御和胁迫、伤口响应等多种胁迫相关顺式作用元件。

甜菜 RNL 型亚家族的序列与藜麦相关序列的同源性最高,为 78.99%;其次为 CNL 型亚家族中的 2 条序列,与菠菜同一抗病蛋白序列同源性为 70.84%。

参考文献

[1] BELKHADIR Y,SUBRAMANIAM R,DANGL J L. Plant disease resistance protein signaling:NBS-LRR proteins and their partners[J]. Current Opinion in Plant Biology,2004,7(4):391-399.

[2] DEYOUNG B J,INNES R W. Plant NBS-LRR proteins in pathogen sensing and host defense[J]. Nature Immunology,2006,7:1243-1249.

[3] LI T G,WANG B L,YIN C M,et al. The *Gossypium hirsutum* TIR-NBS-LRR gene *GhDSC*1 mediates resistance against Verticillium wilt[J]. Molecular Plant Pathology,2019,20(6):857-876.

[4] PAN Q L,WENDEL J,FLUHR R. Divergent evolution of plant NBS-LRR resistance gene homologues in dicot and cereal genomes[J]. Journal of molecular evolution,2000,50:203-213.

[5] KARTHIKA R,PRASATH D,ANANDARAJ M. Transcriptome-wide identification and characterization of resistant gene analogs (RGAs) of ginger (*Zingiber officinale Rosc.*) and mango ginger (*Curcuma amada Roxb.*) under stress induced by pathogen[J]. Scientia Horticulturae,2019,248:81-88.

[6] ELLIS J,JONES D. Structure and function of proteins controlling strain-specific pathogen resistance in plants[J]. Current Opinion in Plant Biology,1998,1(4):288-293.

[7] SHI J Y,ZHANG M Z,ZHAI W B,et al. Genome-wide analysis of nucleotide binding site-leucine-rich repeats (NBS-LRR) disease resistance genes in *Gossypium hirsutum* [J]. Physiological and Molecular Plant Pathology, 2018,

104:1-8.

［8］MCHALE L,TAN X P,KOEHL P,et al. Plant NBS－LRR proteins:adaptable guards［J］. Genome Biology,2006,7:212.

［9］ANDERSEN E J,ALI S,BYAMUKAMA E,et al. Disease resistance mechanisms in plants［J］. Genes,2018,9(7):339.

［10］ZHANG Y M,CHEN M,SUN L,et al. Genome－wide identification and evolutionary analysis of *NBS－LRR* genes from dioscorea rotundata［J］. Frontiers in Genetics,2020,11:484.

［11］GOYAL N,BHATIA G,SHARMA S,et al. Genome－wide characterization revealed role of *NBS－LRR* genes during powdery mildew infection in *Vitis vinifera*［J］. Genomics,2020,112(1):312-322.

［12］WANG J Z,CHEN T Y,HAN M,et al. Plant NLR immune receptor Tm-2^2 activation requires NB－ARC domain－mediated self－association of CC domain［J］. PLoS Pathogens,2020,16(4):e1008475.

［13］GAO Y X,WANG W Q,ZHANG T,et al. Out of water:the origin and early diversification of plant *R*－genes［J］. Plant Physiology,2018,177(1):82-89.

［14］TODA N,RUSTENHOLZ C,BAUD A,et al. NLGenomeSweeper:a tool for genome－wide NBS－LRR resistance gene identification［J］. Genes,2020,11(3):333.

［15］WEI H W,LIU J,GUO Q W,et al. Genomic organization and comparative phylogenic analysis of NBS－LRR resistance gene family in *Solanum pimpinellifolium* and *Arabidopsis thaliana*［J］. Evolutionary Bioinformatics,2020,16:1-13.

［16］MEYERS B C,MORGANTE M,MICHELMORE R W. TIR－X and TIR－NBS proteins:two new families related to disease resistance TIR－NBS－LRR proteins encoded in *Arabidopsis* and other plant genomes［J］. The Plant Journal,2002,32(1):77-92.

［17］SCHOLTEN O E,DE BOCK T S M,KLEIN－LANKHORST R M,et al. Inheritance of resistance to beet necrotic yellow vein virus in *Beta vulgaris* conferred by a second gene for resistance［J］. Theoretical and Applied Genetics,1999,99:740-746.

[18] MEYERS B C, KOZIK A, GRIEGO A, et al. Genome-wide analysis of NBS-LRR-encoding genes in *Arabidopsis* [J]. The Plant Cell, 2003, 15 (4): 809-834.

[19] BAI J F, PENNILL L A, NING J C, et al. Diversity in nucleotide binding site-leucine-rich repeat genes in cereals [J]. Genome Research, 2002, 12: 1871-1884.

[20] LOZANO R, PONCE O, RAMIREZ M, et al. Genome-wide identification and mapping of NBS-encoding resistance genes in *Solanum tuberosum* group phureja[J]. PLoS One, 2012, 7(4): e34775.

[21] GU L J, SI W N, ZHAO L N, et al. Dynamic evolution of *NBS-LRR* genes in bread wheat and its progenitors[J]. Molecular Genetics and Genomics, 2015, 290: 727-738.

[22] MADEIRA F, PARK Y M, LEE J, et al. The EMBL-EBI search and sequence analysis tools APIs in 2019 [J]. Nucleic Acids Research, 2019, 47 (W1): W636-W641.

[23] POTTER S C, LUCIANI A, EDDY S R, et al. HMMER web server: 2018 update [J]. Nucleic Acids Research, 2018, 46(W1): W200-W204.

[24] SIEVERS F, WILM A, DINEEN D, et al. Fast, scalable generation of high-quality protein multiple sequence alignments using Clustal Omega [J]. Molecular Systems Biology, 2011, 7: 539.

[25] SAGI M S, DEOKAR A A, TAR'AN B. Genetic analysis of NBS-LRR gene family in chickpea and their expression profiles in response to ascochyta blight infection[J]. Frontiers in Plant Science, 2017, 8: 838.

[26] LOZANO R, HAMBLIN M T, PROCHNIK S, et al. Identification and distribution of the NBS-LRR gene family in the Cassava genome[J]. BMC Genomics, 2015, 16(1): 360.

[27] HE H H, LIANG G P, LU S X, et al. Genome-wide identification and expression analysis of GA2ox, GA3ox, and GA20ox are related to gibberellin oxidase genes in grape(*Vitis vinifera* L.)[J]. Genes, 2019, 10(9): 680.

[28] JUPE F, PRITCHARD L, ETHERINGTON G J, et al. Identification and local-

isation of the NB-LRR gene family within the potato genome[J]. BMC Genomics,2012,13:75.

[29] BAILEY T L,BODEN M,BUSKE F A,et al. MEME SUITE:tools for motif discovery and searching[J]. Nucleic Acids Research,2009,37:W202-W208.

[30] CHEN C J,CHEN H,ZHANG Y,et al. TBtools:an integrative toolkit developed for interactive analyses of big biological data[J]. Molecular Plant,2020,13:1194-1202.

[31] DE MANDAL S,MAZUMDER T H,PANDA A K,et al. Analysis of synonymous codon usage patterns of *HPRT*1 gene across twelve mammalian species[J]. Genomics,2020,112(1):304-311.

[32] CASTRESANA J. Selection of conserved blocks from multiple alignments for their use in phylogenetic analysis[J]. Molecular Biology and Evolution,2000,17(4):540-552.

[33] LAL D,MAY P,PEREZ-PALMA E,et al. Gene family information facilitates variant interpretation and identification of disease-associated genes in neurodevelopmental disorders[J]. Genome Medicine,2020,12:28.

[34] KUMAR S,STECHER G,LI M,et al. MEGA X:molecular evolutionary genetics analysis across computing platforms [J]. Molecular Biology and Evolution,2018,35(6):1547-1549.

[35] CHENG Y,LI X Y,JIANG H Y,et al. Systematic analysis and comparison of nucleotide-binding site disease resistance genes in maize[J]. The FEBS Journal,2012,279(13):2431-2443.

[36] ZHOU T, WANG Y, CHEN J Q, et al. Genome-wide identification of NBS genes in *japonica* rice reveals significant expansion of divergent non-TIR NBS-LRR genes[J]. Molecular Genetics and Genomics,2004,271:402-415.

[37] KOHLER A,RINALDI C,DUPLESSIS S,et al. Genome-wide identification of *NBS* resistance genes in *Populus trichocarpa* [J]. Plant Molecular Biology,2008,66:619-636.

[38] TARR D E K,ALEXANDER H M. TIR-NBS-LRR genes are rare in monocots:evidence from diverse monocot orders[J]. BMC Research Notes,2009,

2:197.

[39]MICHELMORE R W,MEYERS B C. Clusters of resistance genes in plants e-volve by divergent selection and a birth-and-death process[J]. Genome Re-search,1998,8:1113-1130.

[40]JUPE F,PRITCHARD L,ETHERINGTON G J,et al. Identification and local-isation of the NB-LRR gene family within the potato genome[J]. BMC Genom-ics,2012,13:75.

[41]刘云飞,万红建,韦艳萍,等. 番茄 NBS-LRR 抗病基因家族全基因组分析[J]. 核农学报,2014,28(5):790-799.

[42]黄小芳,毕楚韵,石媛媛,等. 甘薯基因组 NBS-LRR 类抗病家族基因挖掘与分析[J]. 作物学报,2020,46(8):1195-1207.

[43]刘小芳,袁欣,聂迎彬,等. 乌拉尔图小麦 NBS-LRR 家族生物信息学分析[J]. 分子植物育种,2018,16(23):7587-7597.

[44]乔芬. 甜菜抗线虫基因 *Hs*1-2 鉴定及禾谷孢囊线虫 RNAi 致死基因功能分析[D]. 北京:中国农业科学院,2016.

[45]段雪倩,沈艳爽,申少奇,等. 豆科抗病基因 NBS-LRR 进化的多基因组比对分析[J]. 分子植物育种,2019,17(10):3145-3156.

[46]晁江涛,孔英珍,王倩,等. MapGene2Chrom 基于 Perl 和 SVG 语言绘制基因物理图谱[J]. 遗传,2015,37(1):91-97.

[47]折红兵,范桂彦,张合龙,等. 菠菜 NBS-LRR 类抗病基因同源序列的克隆及分析[J]. 中国蔬菜,2017(5):26-33.

[48]庞洪泉. 甜菜 NBS-LRR 类抗性基因序列分析及其转基因体系研究[D]. 杭州:浙江大学,2004.

[49]路妍,刘洋,宋阳,等. 向日葵 NBS-LRR 抗病基因家族全基因组分析[J]. 中国油料作物学报,2020,42(3):441-452.

4 甜菜褐斑病抗感材料的转录组数据分析

4.1 研究背景

4.1.1 植物的转录组学研究

转录组学是在整体水平上研究细胞中转录组的变化规律,从而揭示基因功能与结构。转录组对于揭示基因组的功能成分、研究细胞和组织的分子成分具有重要意义。高通量测序技术的出现使转录组测序开始被广泛应用,为在分子水平上的研究提供了平台。随着转录组测序技术日渐成熟,分子研究的成本也大幅度降低。宏观上转录组学的主要目标:一是对所有种类的转录物(包括mRNA、非编码RNA、小RNA)进行分类;二是确定基因的转录结构,包括起始位点、5′和3′端、剪接模式和其他转录后修饰;三是量化每个转录本在发育过程中和不同条件下表达水平的变化。与其他研究手段相比,转录组测序优势显著,灵敏性高,设计简便,精确度高,可以捕获不同组织或条件下的转录组动态,可以比较正常组织和疾病组织之间的变化差异,是目前用于分子水平研究的强有力手段。

4.1.2 转录组学在植物抗病中的应用

利用转录组测序进行作物抗病研究已经比较普遍。有学者通过对根肿菌侵染初期的白菜根部进行转录组测序,得到参与抗病的基因功能。有学者利用转录组测序技术分析小豆抗病品种接种豇豆单胞锈菌后的全转录组,发现了小豆防卫反应的发生时期,根据表达基因功能推测了小豆抗病的信号通路与重要因素。有学者通过同一时期爆发白粉病的2个湖北海棠品种的转录组数据,发现一些富集的代谢通路可能通过保护机体蛋白来抵御病原体的侵染,并发现 *WRKY* 基因家族对海棠抗白粉病具有重要作用。随着转录组测序技术的成熟,关于甜菜转录组测序的研究有大量报道。有学者利用 RNA-seq 技术对甜菜丰产型和高糖型品种5个生育时期的块根进行转录组测序。有学者对干旱胁迫下萌发期的甜菜进行转录组测序,分析得到79个MYB转录因子中有42个在干旱胁迫下差异表达。关于转录组测序与甜菜抗病相结合的研究较少,研究表明,抗甜菜孢囊线虫基因 $Hs1^{pro1}$ 只有部分抗病性;该学者通过第 2 代测序技术进行全基因组测序并发现该基因定位在 Hs1-2 位点上,根据表达结果筛选 ORF905 和 ORF908 为 Hs1-2 位点的抗病候选基因。

抗病作物育种是将抗病基因通过基因工程的手段导入目标作物内,进而培育出具有抗病性的新品种,因此,如何挖掘抗病基因是首要任务。转录组测序的低成本和高效率使其成为作物研究的重要手段。把作物不同状态、不同生长时期的转录组数据进行对比,可以清晰展现出作物在分子层面的变化动态,可以有效挖掘作物在生物胁迫和非生物胁迫下发挥作用的基因。

笔者利用转录组测序技术,通过对比和分析高感甜菜褐斑病品种、高抗甜菜褐斑病品种在正常和感病状态下的转录组数据,挖掘对甜菜褐斑病具有抗性的基因,为培育抗甜菜褐斑病新品种奠定基础。

4.2　材料与方法

4.2.1　材料

高感甜菜褐斑病品种为 KWS5145,高抗甜菜褐斑病品种为 F85621;用于分离甜菜尾孢菌的病叶来自黑龙江大学呼兰校区甜菜感病区。

将 KWS5145 和 F85621 的种子用无菌水浸泡过夜,用 0.3% 福美霜浸种消毒,洗净后放在湿滤纸上于 29 ℃ 的培养箱中培养 24 h,选取发芽的种子作为实验材料土培,播种深度为 1 cm。培养条件:相对湿度为 65%,温度为 25 ℃,光照时长为 12 h。

4.2.2　方法

4.2.2.1　甜菜尾孢菌的获取和培养

以 4 g 马铃薯、0.4 g 葡萄糖、0.4 g 琼脂配制马铃薯葡萄糖琼脂(potato dextrose agar,PDA)培养基。打开超净工作台消毒杀菌 30 min,在超净工作台中取感染甜菜褐斑病的病叶病斑部分切 0.5 mm 小块,接种到 PDA 培养基上,每个培养基接种 4~5 个小块,放入 28 ℃的恒温培养箱中培养,每 24 h 进行观察。当出现菌落时,选取符合甜菜尾孢菌形态特征的单菌落接种到新的 PDA 培养基上继续培养,培养 14 d 后,淘汰不符合甜菜尾孢菌形态特征的菌落,保留符合条件的菌种继续进行传代培养,用于后续侵染实验。

4.2.2.2　甜菜尾孢菌孢子悬浮液的制备

取培养 15 d 的甜菜尾孢菌,于培养皿中加入 50 mL 无菌水,用灭菌后的小刀刮取培养基上的孢子,使用滤纸过滤培养皿中的溶液到灭菌后的三角瓶中,使用恒温磁力搅拌器中速搅拌 20 min,使孢子均匀分散,配制成母液。将母液以 10 倍稀释法进行稀释,在显微镜下用血球计数板计数分生孢子数,加入无菌水将孢子浓度稀释至 $1×10^6$ 个/mL,制成孢子悬浮液。孢子浓度按下式计算:

$$孢子浓度 = 每格内孢子数的平均值 × 4 × 10^5 × 稀释倍数 \qquad (4-1)$$

4.2.2.3　甜菜尾孢菌侵染实验及取样

(1)初步实验

为确定甜菜尾孢菌侵染甜菜后的发病时间,取 2 盆苗龄为 35 d 的 KWS5145 进行接种。对操作台进行空气净化和消毒杀菌后,将其中一盆放于操作台上,叶片表面用 75%酒精消毒并用无菌水洗净后风干,采用喷雾法将孢子悬浮液均匀喷洒在叶片上进行甜菜尾孢菌接种,放入温度为 26 ℃、相对湿度为 90%的光培室中隔离培养;再次对操作台进行空气净化和消毒杀菌。取另一盆作为对照,酒精消毒、无菌水洗净后风干,采用喷雾法喷洒与孢子悬浮液等量的蒸馏水,以相同的培养条件单独培养,密切观察两盆材料的生长状况。当发现接菌植株的叶片上出现甜菜褐斑病病斑时,以此时间点为发病期样品的取样时间。

(2)侵染实验

当苗龄为 35 d 时,取 KWS5145 和 F85621 长势良好的植株各 9 株,每个品种以 3 株为 1 次重复从而分为 3 个处理组,分别为对照组、侵染初期实验组和发病期实验组。将操作台进行空气净化和杀菌消毒,用 75%酒精对 6 组植株进行消毒,无菌水洗净后静置风干。采用喷雾法接种,将 2 个品种的侵染初期实验

组和发病期实验组用孢子悬浮液均匀喷洒,放入温度为 26 ℃、相对湿度为 90%
的光培室中隔离培养。2 个品种的对照组以等量的蒸馏水喷洒,置于相同培养
条件的独立空间中培养。

（3）取样

对照组取样方法如下。当侵染 36 h 时,取 2 个品种对照组长势相同的叶片
为样品,每株各取 1 g,每组 3 株,即每组 3 份样品,分别装入独立的离心管中编
号。KWS5145 对照组的 3 份样品编号为 HS_CK_1、HS_CK_2、HS_CK_3,
F85621 对照组的 3 份样品编号为 HR_CK_1、HR_CK_2、HR_CK_3,于-80 ℃条
件下保存。

侵染初期实验组取样方法如下。当侵染 36 h 时,取 2 个品种侵染初期实验
组长势相同的叶片为样品,每株各取 1 g,每组 3 株,即每组 3 份样品,分别装入
独立的离心管中编号。KWS5145 侵染初期实验组的 3 份样品编号为 HS_infec-
ted_1、HS_infected_2、HS_infected_3,F85621 侵染初期实验组的 3 份样品编号为
HR_infected_1、HR_infected_2、HR_ infected_3,于-80 ℃条件下保存。

发病期实验组取样方法如下。当侵染 96 h 时,取 2 个品种发病期实验组长
势相同的叶片为样品,每株各取 1 g,每组 3 株,即每组 3 份样品,分别装入独立
的离心管中编号。KWS5145 发病期实验组的 3 份样品编号为 HS_disease_1、
HS_disease_2、HS _ disease _ 3,F85621 发病期实验组的 3 份样品编号为
HR_disease_1、HR_disease_2、HR_disease_3,于-80 ℃条件下保存。

4.2.2.4　转录组文库构建和测序

将 18 个样品交送相关测序平台进行 RNA 提取和转录组测序。

4.2.2.5　转录组测序数据分析

（1）转录组测序数据质量评估

Illumina 平台将测序图像信号经过 CASAVA 碱基识别转换成文字,并以
fastq 格式储存起来作为原始数据。用 fastp 软件对每一个样本的原始测序数据进
行质量评估,包括碱基质量分布统计、碱基错误率分布统计、碱基含量分布统计。

运用 SeqPrep 和 Sickle 软件在接头序列、低质量读段、不确定碱基率、长度
过短等方面对原始数据进行质控,从而得到高质量的质控数据,再次对质控后

的数据进行统计和评估,方法同原始数据。

（2）差异表达基因分析

为了清晰明确地分析侵染甜菜尾孢菌后的基因表达以及侵染后不同时期的表达变化,将转录组数据分为 4 个比较组,分别为 F85621 侵染初期与 F85621 对照比较组、F85621 发病期与 F85621 对照比较组、KWS5145 侵染初期与 KWS5145 对照比较组、KWS5145 发病期与 KWS5145 对照比较组。将侵染初期实验组和发病期实验组的表达基因与对照组比对,统计表达量发生变化的基因数目。为了分析 *NBS-LRR* 基因在抗甜菜褐斑病过程中的作用并找出表达的 *NBS-LRR* 基因,以上述 4 个比较组进行比较分析,得到感染甜菜褐斑病后的 *NBS-LRR* 类差异表达基因。

（3）差异表达基因功能注释

以差异表达基因分析中 4 个比较组的差异表达基因组成 4 个基因集,对 4 个基因集进行 GO 功能分析,利用 GO 数据库,按照基因参与的生物学过程、构成的细胞组分、实现的分子功能进行分类和富集;利用 KEGG 数据库,将 4 个基因集中的基因按照参与的 pathway 通路或行使的功能分类。

（4）加权基因共表达网络分析

本研究基于相关平台进行加权基因共表达网络分析。对基因表达数据进行标准化,过滤表达量偏低和变异系数小的基因,完成数据预处理;对于处理后的数据进行模块识别,把表达模式相似的基因分为一类,即一个模块,统计各模块含有的基因数量;以感染甜菜褐斑病和非感染甜菜褐斑病为表型,上传 18 个样本的表型数据进行相关性分析,获得关键模块。

4.3　结果与分析

4.3.1　甜菜尾孢菌侵染结果

KWS5145 和 F85612 接种甜菜尾孢菌 4 d 时,叶片开始出现甜菜褐斑病病斑;病斑外圈呈深褐色,中间颜色稍浅,直径大小不一,多为单个出现;接种甜菜尾孢菌 8 d 时,病斑明显增多,直径扩大并出现多个病斑连成片的现象,病斑中心的颜色较接种 4 d 时深。接种甜菜尾孢菌 12 d 时,大部分病斑已经连接在一起并形成片状,颜色比接种 8 d 时深,仍然存在单个病斑;病斑直径扩大,有连成片的趋势。

4.3.2　转录组测序数据质量评估

笔者对转录组测序的原始数据及经过质控的数据进行统计和评估,结果如表 4-1 所示。笔者对 18 个样品的转录组测序数据进行统计,如表 4-1 所示:原始数据总条目数与质控数据总条目数相差较小,说明去除的不合格读段较少且转录组测序数据质量较高;18 个样品质控数据的测序碱基平均错误率均低于 0.1%,测序质量在 99% 以上的碱基占比高于 85%,且均在 98% 以上;测序质量在 99.9% 以上的碱基占比高于 80%,且均在 94% 以上;能定位到基因组的质控数据条目占质控数据总条目的比例均高于 91%。经多方面评估,18 个样品的转录组测序数据质量较高。

表 4-1　转录组测序结果质量评估

样品编号	原始数据总条目数	质控数据总条目数	质控数据的测序碱基平均错误率/%	Q20/%	Q30/%	能定位到基因组的质控数据条目数及占比
HR_CK_1	49 632 298	49 307 670	0.024 2	98.35	94.92	45 691 576 (92.67%)
HR_CK_2	43 980 696	43 743 756	0.024 3	98.31	94.80	40 281 416 (92.08%)
HR_CK_3	53 288 960	52 959 742	0.024 2	98.36	94.92	48 928 185 (92.39%)
HR_infected_1	51 379 714	51 042 026	0.024 2	98.33	94.90	46 893 984 (91.87%)
HR_infected_2	45 281 632	44 991 884	0.024 5	98.26	94.67	41 325 949 (91.85%)

续表

样品编号	原始数据总条目数	质控数据总条目数	质控数据的测序碱基平均错误率/%	Q20/%	Q30/%	能定位到基因组的质控数据条目数及占比
HR_infected_3	51 261 128	51 007 926	0.024 3	98.34	94.81	46 814 670 （91.78%）
HR_disease_1	50 951 542	50 699 344	0.024 2	98.36	94.92	46 322 792 （91.37%）
HR_disease_2	45 717 358	45 488 166	0.024 2	98.37	94.98	41 646 553 （91.55%）
HR_disease_3	47 784 378	47 567 400	0.024 1	98.39	95.00	43 480 874 （91.41%）
HS_CK_1	52 885 156	52 531 902	0.024 4	98.29	94.76	48 484 885 （92.30%）
HS_CK_2	46 074 998	45 794 310	0.024 5	98.26	94.67	42 156 173 （92.06%）
HS_CK_3	49 683 014	49 385 732	0.024 3	98.34	94.84	45 706 603 （92.55%）
HS_infected_1	51 379 772	51 115 680	0.024 5	98.25	94.64	46 382 065 （90.74%）
HS_infected_2	46 288 430	45 979 640	0.024 3	98.31	94.83	42 251 417 （91.89%）
HS_infected_3	49 769 908	49 365 906	0.024 7	98.18	94.47	45 392 906 （91.95%）
HS_disease_1	45 829 018	45 546 084	0.024 2	98.35	94.91	42 041 931 （92.31%）
HS_disease_2	45 523 448	45 160 546	0.024 6	98.19	94.53	41 415 489 （91.71%）
HS_disease_3	48 915 860	48 532 048	0.024 3	98.33	94.88	44 391 632 （91.47%）

注：Q20、Q30 分别表示质控数据质量超过 99%、99.9% 的碱基数量占总碱基数量的比例。

笔者基于表达量对 18 个样品进行 PCA 分析,结果如图 4-1 所示。同一品种的同一处理组聚于一类,品种、尾孢菌侵染及侵染时间这 3 个因素会将 18 个样品分开,使同一处理组的 3 次重复聚于一类,说明各重复之间具有较高的一致性,证明实验设计和转录组数据具有可靠性。F85621 侵染初期实验组有 1 个重复出现离散现象,可能与环境因素和生物学差异有关。

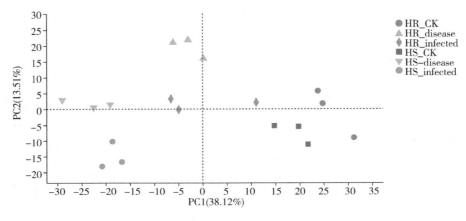

图 4-1　样品间 PCA 分析

4.3.3　基因表达量分析

笔者从 18 个样品中检测到的表达基因共有 28 125 个,其中,已知基因有 23 196 个、新基因有 4 929 个;表达转录本有 50 178 个,其中,已知转录本有 24 803 个、新转录本有 25 375 个。笔者从表达基因中筛选出属于 *NBS-LRR* 基因家族的基因,统计表达量,筛选表达具有特异性的基因,结果如表 3-2 所示。*BVRB_2g*043890、*BVRB_4g*087970 和 *BVRB_7g*177730 在 KWS5145 和 F85621 对照组中不表达,在 KWS5145 和 F85621 侵染初期实验组和发病期实验组有表达。*BVRB_3g*058270 在 KWS5145 的 3 个处理组中均不表达,在 F85621 的 3 个处理组中均有表达。*BVRB_4g*082000 仅在 F85621 和 KWS5145 侵染初期实验组有表达,其他处理组中均不表达。

表 4-2　*NBS-LRR* 基因家族差异表达基因表达量

基因 ID	HS_CK	HS_infected	HS_disease	HR_CK	HS_infected	HS_disease
BVRB_2g043890	0	0.053	0.075	0	0.030	0.020
BVRB_4g087970	0	0.157	0.047	0	0.057	0.553
BVRB_7g177730	0	6.930	2.890	0	0.783	0.260
BVRB_3g058270	0	0	0	1.250	2.260	2.255
BVRB_4g082000	0	0.110	0	0	0.063	0

如图 4-2(a)所示:F85621 侵染初期与 F85621 对照比较组共有 1 658 个差异表达基因,其中,有 1 304 个基因上调、354 个基因下调;F85621 发病期与 F85621 对照比较组共有 2 594 个差异表达基因,其中,有 1 410 个基因上调、1 184 个基因下调;KWS5145 侵染初期与 KWS5145 对照比较组共有 3 262 个差异表达基因,其中,有 2 384 个基因上调、878 个基因下调;KWS5145 发病期与 KWS5145 对照比较组共有 3 948 个差异表达基因,其中,有 2 641 个基因上调、1 307 个基因下调。

如图 4-2(b)所示,F85621 侵染初期与 F85621 对照比较组共有 28 个属于 *NBS-LRR* 基因家族的差异表达基因,全部表现为上调;F85621 发病期与 F85621 对照比较组共有 33 个属于 *NBS-LRR* 基因家族的差异表达基因,其中,有 31 个基因上调、2 个基因下调;KWS5145 侵染初期与 KWS5145 对照比较组共有 57 个属于 *NBS-LRR* 基因家族的差异表达基因,其中,有 53 个基因上调、4 个基因下调;KWS5145 发病期与 KWS5145 对照比较组共有 64 个属于 *NBS-LRR* 基因家族的差异表达基因,其中,有 55 个基因上调、9 个基因下调。

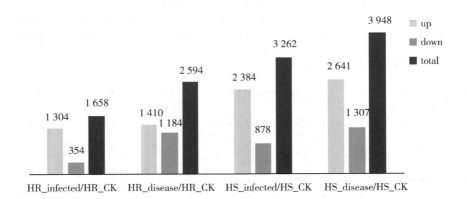

（a）不同比较组全部差异表达基因

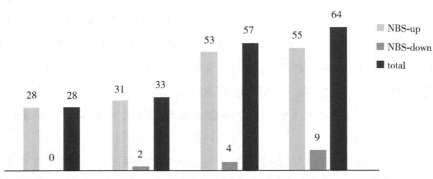

（b）不同比较组属于 *NBS-LRR* 基因家族的差异表达基因

图 4-2　不同比较组的差异表达基因统计柱状图

注：HR_infected/HR_CK 表示 F85621 侵染初期与 F85621 对照比较组，

HR_disease/HR_CK 表示 F85621 发病期与 F85621 对照比较组，

HS_infected/HS_CK 表示 KWS5145 侵染初期与 KWS5145 对照比较组比较，

HS_disease/HS_CK 表示 KWS5145 发病期与 KWS5145 对照比较组。

　　如图 4-3（a）所示：F85621 仅在侵染初期的差异表达基因有 217 个，F85621 仅在发病期的差异表达基因有 656 个；KWS5145 仅在侵染初期的差异表达基因有 779 个，KWS5145 仅在发病期的差异表达基因有 1 121 个；F85621 在侵染初期和发病期的差异表达基因有 149 个，甜菜尾孢菌侵染后仅在 F85621 中差异表达的基因有 1 022 个；KWS5145 在侵染初期和发病期的差异表达基因有

896 个,甜菜尾孢菌侵染后仅在 KWS5145 中差异表达的基因有 2 796 个。

如图 4-3(b)所示:F85621 仅在侵染初期属于 *NBS-LRR* 基因家族的差异表达基因有 3 个,F85621 仅在发病期属于 *NBS-LRR* 基因家族的差异表达基因有 4 个;KWS5145 仅在侵染初期属于 *NBS-LRR* 基因家族的差异表达基因有 15 个,KWS5145 仅在发病期属于 *NBS-LRR* 基因家族的差异表达基因有 18 个。

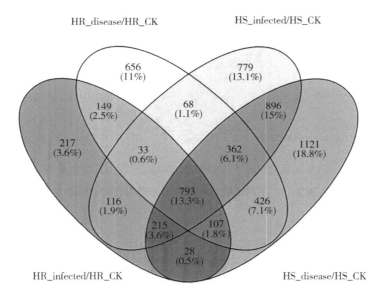

（a）不同比较组全部差异表达基因

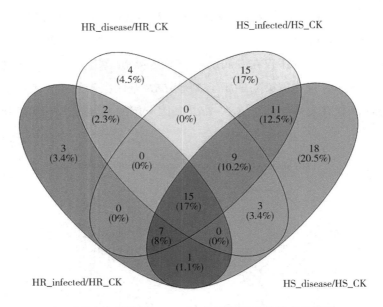

（b）不同比较组属于 *NBS-LRR* 基因家族的差异表达基因

图 4-3　不同比较组的差异表达基因统计韦恩图

4.3.4　差异表达基因功能注释

4.3.4.1　差异表达基因 GO 功能分析

　　GO 注释分为生物学过程（biological process）、细胞元件（cellular component）和分子功能（molecular function）三大类。在侵染初期，KWS5145 和 F85621 在 GO 注释中具有相同的表现模式，差异表达基因在三大类中的分布较均匀。在分子功能（molecular function）大类中，差异表达基因的注释主要集中于细胞过程（cellular process）和代谢过程（metabolic process）这 2 个亚类中。在细胞元件（cellular component）大类中，差异表达基因的注释主要集中于膜部分（membrane part）、细胞部分（cell part）和细胞器（organelle）这 3 个亚类中。在生物学过程（biological process）中，差异表达基因的注释主要集中于结合（binding）、催化活性（catalytic activity）这 2 个亚类中。

　　在侵染初期，KWS5145 和 F85621 中属于 *NBS-LRR* 基因家族的差异表达基因在 GO 注释中具有相同的表达模式;F85621 中有 25 个属于 *NBS-LRR* 基因家族的差异表达基因的注释在生物学过程(biological process)中的结合(binding)亚类上,占 F85621 侵染初期所有属于 *NBS-LRR* 基因家族的差异表达基因的89.3%;KWS5145 中有 51 个属于 *NBS-LRR* 基因家族的差异表达基因的注释在生物学过程(biological process)中的结合(binding)亚类上,占 KWS5145 侵染初期所有属于 *NBS-LRR* 基因家族的差异表达基因的 89.5%。在结合(binding)亚类中具体涉及了碳水化合物衍生物结合(carbohydrate derivative binding)、阴离子结合(anion binding)、有机环状化合物结合(organic cyclic compound binding)、嘌呤核苷酸结合(purine nucleotide binding)等功能。

在发病期,KWS5145 和 F85621 的 GO 注释模式与侵染初期相同,差异表达基因在三大类中的分布较均匀,主要注释的亚类与侵染初期相同。F85621 中有31 个属于 *NBS-LRR* 基因家族的差异表达基因的注释在结合(binding)亚类上,占 F85621 发病期所有属于 *NBS-LRR* 基因家族的差异表达基因的 93.9%;KWS5145 中有 53 个属于 *NBS-LRR* 基因家族的差异表达基因的注释在结合(binding)亚类上,占 KWS5145 发病期所有属于 *NBS-LRR* 基因家族的差异表达基因的 82.8%,具体涉及的功能与侵染初期相似。

4.3.4.2　差异表达基因 KEGG 功能分析

在侵染初期中,F85621 有 545 个差异表达基因参与到 106 条通路中。参与差异表达基因最多的分支是 Metabolism,包含 353 个差异表达基因;其次是 Genetic information processing 分支和 Environmental information processing 分支,分别包含 58 个、49 个差异表达基因。富集差异表达基因最多的通路是 Plant-pathogen interaction,包含 36 个差异表达基因;其次是 Phenylpropanoid biosynthesis 通路,包含 29 个差异表达基因;23 个差异表达基因参与 Amino sugar and nucleotide sugar metabolism 通路,共有 22 个差异表达基因参与了 Flavonoid biosynthesis 通路、MAPK signaling pathway - plant 通路和 Plant hormone signal transduction 通路。

在发病期,F85621 有 855 个差异表达基因参与到 118 条通路中。参与差异表达基因最多的分支是 Metabolism,包含 654 个差异表达基因;其次是 Genetic information processing 分支和 Environmental information processing 分支,分别包含

98 个、73 个差异表达基因。富集差异表达基因最多的通路是 Phenylpropanoid biosynthesis,包含 50 个差异表达基因;其次是 Plant-pathogen interaction 通路,包含 44 个差异表达基因;37 个差异表达基因参与 Plant hormone signal transduction 通路;30 个差异表达基因参与 Amino sugar and nucleotide sugar metabolism 通路,29 个差异表达基因参与 MAPK signaling pathway-plant 通路,26 个差异表达基因参与 Flavonoid biosynthesis 通路和 Starch and sucrose metabolism 通路,22 个差异表达基因参与 Protein processing in endoplasmic 通路。

在侵染初期,KWS5145 有 1 053 个差异表达基因参与到 114 条通路中。参与差异表达基因最多的分支是 Metabolism,有 86 条通路,包含 652 个差异表达基因;其次是 Genetic information processing 分支,有 17 条通路,包含 148 个差异表达基因;Environmental information processing 分支有 4 条通路,包含 116 个差异表达基因。富集差异表达基因最多的通路是 Organismal systems 分支的 Plant-pathogen interaction,包含 70 个差异表达基因;其次是 Plant hormone signal transduction 通路,包含 57 个差异表达基因;56 个差异表达基因参与 Phenylpropanoid biosynthesis 通路,44 个差异表达基因参与 MAPK signaling pathway-plant 通路,37 个差异表达基因参与 Protein processing in endoplasmic 通路,36 个差异表达基因参与 Glutathione metabolism 通路,31 个差异表达基因参与 Starch and sucrose metabolism 通路。

在发病期,KWS5145 有 1 304 个差异表达基因参与到 123 条通路中。参与差异表达基因最多的分支是 Metabolism,有 92 条通路,包含 865 个差异表达基因;其次是 Genetic information processing 分支,有 19 条通路,包含 122 个差异表达基因;Environmental information processing 分支有 4 条通路,包含 114 个差异表达基因;Cellular processes 分支包含 44 个差异表达基因。富集差异表达基因最多的通路是 Metabolism 分支的 Phenylpropanoid biosynthesis,包含 76 个差异表达基因;其次是 Plant-pathogen interaction 通路,包含 67 个差异表达基因;54 个差异表达基因参与 Plant hormone signal transduction 通路,41 个差异表达基因参与 MAPK signaling pathway-plant 通路,38 个差异表达基因参与 Flavonoid biosynthesis 通路和 Glutathione metabolism 通路,35 个差异表达基因参与 Starch and sucrose metabolism 通路,29 个差异表达基因参与 Protein processing in endoplasmic 通路和 Amino sugar and nucleotide sugar metabolism 通路。

不同比较组的富集差异表达基因较多的前 20 条 KEGG 通路如图 4-4 所示。

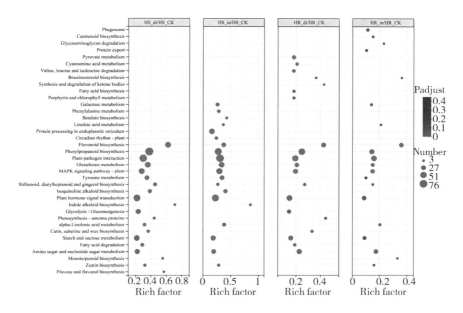

图 4-4　不同比较组的富集差异表达基因较多的前 20 条 KEGG 通路

笔者对 4 个比较组中属于 *NBS-LRR* 基因家族的差异表达基因进行 KEGG 注释,如表 4-3 所示,KWS5145 在侵染初期和发病期注释了 13 个基因,F85621 在侵染初期和发病期均注释了 8 个基因,这些基因均只参与了 Plant-pathogen interaction 通路。

表 4-3　不同比较组中属于 *NBS-LRR* 基因家族的差异表达基因富集的 KEGG 通路

比较组	通路	基因数量
HS_disease/HS_CK	Plant−pathogen interaction	13
HS_infected/HS_CK	Plant−pathogen interaction	13
HR_disease/HR_CK	Plant−pathogen interaction	8
HR_infected/HR_CK	Plant−pathogen interaction	8

4.3.5　加权基因共表达网络分析

4.3.5.1　模块成员分析

笔者对数据预处理后得到的差异表达基因进行加权基因共表达网络分析，共得到 16 个模块；对各模块含有的基因数量进行统计，结果如图 4-5 所示。基因数量最多的模块为 turquoise，包含 2 427 个基因；其次为 blue 模块，含有 1 297 个基因；基因数量最少的模块为 midnightblue，包含 73 个基因。

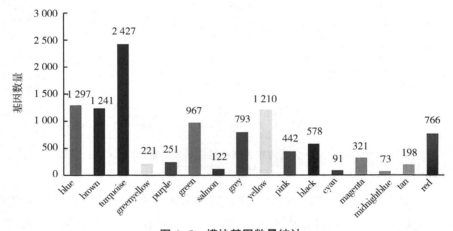

图 4-5　模块基因数量统计

笔者对 16 个模块进行相关性分析，如图 4-6 所示，green 和 turquoise 相关性最大，red 和 salmon、cyan 和 midnightblue、pink 和 purple、black 和 blue、brown 和 tan 为关系较密切的模块组合。

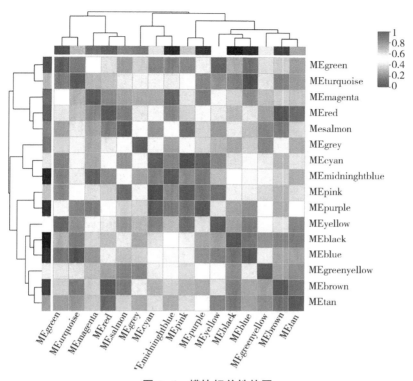

图 4-6　模块相关性热图

4.3.5.2　模块与表型相关性分析

笔者计算了 16 个模块和感染甜菜褐斑病之间的相关性,结果如图 4-7 所示。turquoise 模块与感染甜菜褐斑病的相关性最大,相关性系数为 0.818;其次为 green 模块,相关性系数为 0.772。从 turquoise 模块基因中筛选 *NBS-LRR* 基因家族,共有 39 个 *NBS-LRR* 基因家族成员属于 turquoise 模块,对其与模块表达模式之间的相关性数值进行统计,详情见附表 1,*BVRB*_7*g*168510 与 turquoise 模块相关性最大,kME 值为 0.955 27,*BVRB*_7*g*177740 为 0.952 49,*BVRB*_7*g*168630 为 0.943 13。

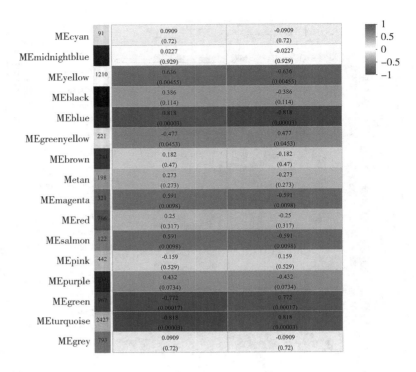

（a）模块与表型相关性分析

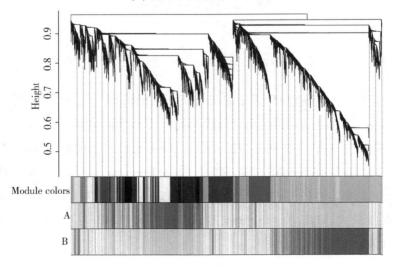

（b）模块与表型聚类分析

图 4-7　模块与表型相关性热图

注：（a）共有 3 列数据，从左数第 1 列数据表示每个模块含有的基因数量，其余两列

数据表示模块与表型的相关性系数，从左数第 2 列数据表示各模块与非感染甜菜褐斑病

表型的相关性系数,从左数第 3 列表示各模块与感染甜菜褐斑病表型的相关性系数,括号
内为 p 值,颜色越深表示相关性程度越大;(b)上部表示基因层次聚类数,中部
表示基因所属模块,下部表示模块内基因与表型相关性热图,A 表示非感染甜菜
褐斑病表型,B 表示感染褐斑病表型,黑色为正相关,灰色为负相关。

4.4　讨论与结论

4.4.1　讨论

笔者取 KWS5145 和 F8612 对照组、侵染初期实验组、发病期实验组的样品
(共 18 个)进行转录组测序并进行质量分析,结果表明,18 个样品的转录组数
据质量较高;主成分分析结果表明,F85621 侵染初期实验组有 1 个重复出现离
散现象。有学者在寻找甜菜响应干旱胁迫的基因时,对 15 个样品进行转录组
测序和样品间主成分分析,发现同样存在离散现象,说明重复实验的设置对一
定范围内的离散现象具有包容性,离散现象在多个样品的实验中属于正常现
象。本研究表明:18 个样品中共有 28 125 个表达基因,其中,已知基因有 23
196 个、新基因有 4 929 个;共有 50 178 个表达转录本,其中,已知转录本有 24
803 个、新转录本有 25 375 个。笔者从表达基因中筛选属于 $NBS-LRR$ 基因家
族的基因,得到 5 个表达具有特异性的基因,$BVRB\_2g043890$、$BVRB\_4g087970$
和 $BVRB\_7g177730$ 在 KWS5145 和 F85621 侵染初期实验组和发病期实验组有
表达,表明这 3 个基因仅在尾孢菌侵入后发挥作用,仅具有抗病效应。$BVRB\_$
$3g058270$ 仅在 F85621 中表达,在 KWS5145 中不表达;当甜菜尾孢菌侵染后,该
基因表达量上升,说明该基因可能是 KWS5145 与 F85621 具有抗病差异的部分
依据,以上结果对高抗品种抗病性研究具有重要意义。$BVRB\_4g082000$ 仅在
KWS5145 与 F85621 侵染初期实验组表达,在对照组和发病期实验组中均不表
达,说明该基因在甜菜尾孢菌侵染后才发挥作用,且只在侵染初期发挥作用。

本研究表明:F85621 侵染初期与 F85621 对照比较组共有 1 658 个差异表
达基因,其中,有 78. 65%的基因上调、21. 35%的基因下调;F85621 发病期与
F85621 对照比较组共有 2 594 个差异表达基因,其中,有 54. 36%的基因上调、

45.64%的基因下调;KWS5145 侵染初期与 KWS5145 对照比较组有 3 262 个差异表达基因,其中,有 73.08%的基因上调、26.92%的基因下调;KWS5145 发病期与 KWS5145 对照比较组共有 3 948 个差异表达基因,其中,有 66.89%的基因上调、33.11%的基因下调。以上结果说明:KWS5145 和 F8612 在甜菜尾孢菌侵染初期表达量发生变化的基因大部分上调;当进入发病期,上调基因的占比减少,这可能由于存在一部分基因仅在侵染初期发挥作用;F85621 在侵染初期和发病期的差异表达基因均少于 KWS5145,推测甜菜尾孢菌抗性与差异表达基因的数量关系较小。有学者对青枯菌侵染后的花生进行转录组测序,发现抗病品种处理组与抗病对照组之间的差异表达基因少于感病品种,这与本实验的研究结果相似。

笔者对 4 个比较组中属于 NBS-LRR 基因家族的差异表达基因进行统计筛选,发现属于 NBS-LRR 基因家族的差异表达基因仍然符合高抗品种少于高感品种,发病期上调基因的比例少于侵染初期。甜菜尾孢菌侵染后,高抗品种在侵染初期和发病期的差异表达基因的数量均少于高感品种。

笔者对差异表达基因进行 GO 功能分析,结果表明,KWS5145 和 F85612 在甜菜尾孢菌侵染初期、发病期具有相同的表现模式,F85621 在发病期注释到的属于 NBS-LRR 基因家族的差异表达基因数量高于侵染初期。笔者对差异表达基因进行 KEGG 注释,结果表明:KWS5145 和 F85612 在侵染初期和发病期参与差异表达基因最多的分支均为 Metabolism;KWS5145 和 F85612 在侵染初期富集差异表达基因最多的通路是 Plant-pathogen interaction,在发病期富集差异表达基因最多的通路是 Phenylpropanoid biosynthesis,推测在侵染初期抵御甜菜尾孢菌的方式主要涉及与病原体的相互作用,而在发病期主要依靠自身产生的物质来抵御;KWS5145 和 F85612 在侵染初期和发病期属于 NBS-LRR 基因家族的差异表达基因均在 Plant-pathogen interaction 通路上,说明 NBS-LRR 基因家族在甜菜尾孢菌侵染过程中发挥的作用主要通过与病原体的直接作用。

笔者通过加权基因共表达网络分析将差异表达基因分为 16 个模块,基因数量最多的模块为 turquoise,包含 2 427 个基因。笔者对 16 个模块进行相关性分析,发现 turquoise 与 green 相关性最大。笔者还对 16 个模块与感染褐斑病之间的相关性进行计算,结果表明,turquoise 模块与感染甜菜褐斑病的相关性最大,其次是 green 模块;以上结果说明 turquoise 模块中的基因受抵御甜菜尾孢菌过程的影响最大,这些基因具有甜菜褐斑病抗性的可能性最大。有学者利用加权基因共表达网络分析对携带不同广谱抗性基因的水稻近等基因系在稻瘟菌侵染条件下的表达基因进行共表达网络构建,得到 23 个模块,其中 turquoise 模块基因数量最多,但 turquoise 模块并不是与稻瘟菌侵染相关性最大的模块,说明不同植物在抵御病原体侵染过程中具有不同的分子模式。笔者从 turquoise 模块中共筛选到了 39 个 NBS-LRR 基因家族成员,*BVRB*_7*g*168510、*BVRB*_7*g*177740 和 *BVRB*_7*g*168630 与 turquoise 模块的 kME 值均超过 0.94,说明与 turquoise 模块相关性高的 *NBS-LRR* 基因家族成员在抗甜菜褐斑病过程中发挥重要作用。

4.4.2　结论

18 个样品中共有 28 125 个表达基因、50 178 个表达转录本,其中包含 4 929 个新基因、25 375 个新转录本。*NBS-LRR* 基因家族的 *BVRB*_2*g*043890、*BVRB*_4*g*087970 和 *BVRB*_7*g*177730 仅在 KWS5145 和 F85621 侵染初期实验组和发病期实验组有表达;*BVRB*_3*g*058270 仅在 F85621 中表达,在 KWS5145 中不表达;*BVRB*_4*g*082000 仅在 KWS5145 和 F85621 侵染初期实验组有表达,对照组和发病期实验组均不表达。

F85621 侵染初期与 F85621 对照比较组共有 1 658 个差异表达基因,其中有 78.65% 的基因上调;F85621 发病期与 F85621 对照比较组共有 2 594 个差异表达基因,其中有 1 410 个基因上调;KWS5145 侵染初期与 KWS5145 对照比较组共有 3 262 个差异表达基因,其中有 26.92% 的基因下调;KWS5145 发病期与 KWS5145 对照比较组共有 3 948 个差异表达基因,其中有 66.89% 的基因上调。F85621 仅在侵染初期的差异表达基因有 217 个,仅在发病期的差异表达的基因有 656 个。KWS5145 仅在侵染初期的差异表达基因有 779 个,仅在发病期的差异表达的基因有 1 121 个。F85621 侵染初期与 F85621 对照比较组有 28 个属于 *NBS-LRR* 基因家族的差异表达基因,全部表现为上调;F85621 发病期与 F85621 对照比较组有 33 个属于 *NBS-LRR* 基因家族的差异表达基因。KWS5145 侵染初期与 KWS5145 对照比较组共有 57 个属于 *NBS-LRR* 基因家族的差异表达基因,KWS5145 发病期与 KWS5145 对照比较组共有 64 个 *NBS-*

LRR 基因家族属于 *NBS-LRR* 基因家族的差异表达基因。甜菜尾孢菌侵染后仅在 F85621 中差异表达的基因有 1 022 个,甜菜尾孢菌侵染后仅在 KWS5145 中差异表达的基因有 2 796 个。

GO 注释分生物学过程(biological process)、细胞元件(cellular component)和分子功能(molecular function)三大类。在侵染初期和发病期,F85621 和 KWS5145 在 GO 注释中具有相同的表现模式,差异表达基因在三大类中的分布比较均匀。F85621 中有 31 个属于 *NBS-LRR* 基因家族的差异表达基因的注释在结合(binding)亚类上,占 F85621 发病期所有属于 *NBS-LRR* 基因家族的差异表达基因的 93.9%;KWS5145 中有 53 个属于 *NBS-LRR* 基因家族的差异表达基因的注释在结合(binding)亚类上,占 KWS5145 发病期所有属于 *NBS-LRR* 基因家族的差异表达基因的 82.8%。在侵染初期,KWS5145 和 F85621 富集差异表达基因最多的通路是 Plant-pathogen interaction。在发病期,KWS5145 和 F85621 富集差异表达基因最多的通路是 Phenylpropanoid biosynthesis。属于 *NBS-LRR* 基因家族的差异表达基因只参与 Plant-pathogen interaction 通路。

笔者利用加权基因共表达网络分析将差异表达基因分为 16 个模块,turquoise 模块包含基因数量最多且与感染甜菜褐斑病之间的相关性最大,共包含 2 427 个基因。*BVRB_7g*168510、*BVRB_7g*177740 和 *BVRB_7g*168630 是与 turquoise 模块相关性较高的 *NBS-LRR* 基因家族成员。

参考文献

[1]崔凯,吴伟伟,刁其玉.转录组测序技术的研究和应用进展[J].生物技术通报,2019,35(7):1-9.

[2]XIAO T T,ZHOU W H. The third generation sequencing:the advanced approach to genetic diseases[J]. Transl Pediatr,2020,9(2):163-173.

[3]WANG Z,GERSTEIN M,SNYDER M. RNA-Seq:a revolutionary tool for transcriptomics[J]. Nature Reviews Genetics,2009,10:57-63.

[4]张春兰,秦孜娟,王桂芝,等.转录组与 RNA-Seq 技术[J].生物技术通报,2012(12):51-56.

[5]任淑娉.转录组与 NBS 基因家族分析挖掘鸭茅抗锈病候选基因[D].重庆:

西南大学,2020.

[6]姜海鹏,田力峥,卜凡珊,等.大豆胞囊线虫病抗性相关bZIP转录因子的生物信息学分析[J].大豆科学,2020,39(5):703-711.

[7]王艺珧.根肿菌侵染大白菜初期转录组分析[D].沈阳:沈阳农业大学,2019.

[8]迟超.小豆-锈菌(*Uromyces vignae*)互作的转录组分析及差异表达基因鉴定[D].大庆:黑龙江八一农垦大学,2019.

[9]兰黎明,罗昌国,王三红.基于转录组测序的湖北海棠抗白粉病机制分析[J].园艺学报,2021,48(5):860-872.

[10]刘蕊,刘乃新,吴玉梅,等.甜菜MYB转录因子生信分析及种子萌发期差异表达[J].中国农学通报,2019,35(25):54-65.

[11]乔芬.甜菜抗线虫基因*Hs*1-2鉴定及禾谷孢囊线虫RNAi致死基因功能分析[D].北京:中国农业科学院,2016.

[12]CHANUMOLU S K,ALBAHRANI M,CAN H,et al. KEGG2Net:deducing gene interaction networks and acyclic graphs from KEGG pathways[J]. EMBnet Journal,2021,26:e949.

[13]ZHU M D,XIE H J,WEI X J. et al. WGCNA analysis of salt-responsive core transcriptome identifies novel hub genes in rice[J]. Genes,2019,10:719.

[14]WIMALANATHAN K,LAWRENCE-DILL C J. Gene ontology meta annotator for plants (GOMAP)[J]. Plant Methods,2021,17:54.

[15]刘宇.甜菜褐斑病抗感材料生理生化指标变化和转录组学分析[D].哈尔滨:黑龙江大学,2021.

[16]邹利茹.不同栽培型甜菜种子萌发与幼苗对干旱胁迫的响应[D].哈尔滨:黑龙江大学,2021.

[17]张欢.花生响应青枯菌侵染的转录组分析和抗病相关基因挖掘[D].北京:中国农业科学院,2021.

[18]李详,马琳娜,郭力维,等.利用WGCNA方法分析稻瘟病抗性相关的基因共表达网络[J].分子植物育种,2022,20(12):3950-3958.

[19]刘云飞,万红建,韦艳萍,等.番茄*NBS-LRR*抗病基因家族全基因组分析[J].核农学报,2014,28(5):790-799.

[20]黄小芳,毕楚韵,石媛媛,等.甘薯基因组 *NBS-LRR* 类抗病家族基因挖掘与分析[J].作物学报,2020,46(8):1195-1207.

[21]刘小芳,袁欣,聂迎彬,等.乌拉尔图小麦 *NBS-LRR* 家族生物信息学分析[J].分子植物育种,2018,16(23):7587-7597.

[22]段雪倩,沈艳爽,申少奇,等.豆科抗病基因 NBS-LRR 进化的多基因组比对分析[J].分子植物育种,2019,17(10):3145-3156.

[23]GU L J,SI W N,ZHAO L N,et al. Dynamic evolution of *NBS-LRR* genes in bread wheat and its progenitors[J]. Molecular Genetics and Genomics,2015,290:727-738.

[24]MADEIRA F,PARK Y M,LEE J,et al. The EMBL-EBI search and sequence analysis tools APIs in 2019[J]. Nucleic Acids Research,2019,47(W1):W636-W641.

[25]POTTER S C,LUCIANI A,EDDY S R,et al. HMMER web server:2018 update[J]. Nucleic Acids Research,2018,46(W1):W200-W204.

[26]SIEVERS F,WILM A,DINEEN D,et al. Fast,scalable generation of high-quality protein multiple sequence alignments using Clustal Omega[J]. Molecular Systems Biology,2011,7:539.

[27]SAGI M S,DEOKAR A A,TAR'AN B. Genetic analysis of NBS-LRR gene family in chickpea and their expression profiles in response to ascochyta blight infection[J]. Frontiers in Plant Science,2017,8:838.

[28]GUILLORY A,BONHOMME S. Phytohormone biosynthesis and signaling pathways of mosses[J]. Plant Molecular Biology,2021,107:245-277.

[29]GUPTA A,BHARDWAJ M,TRAN L S P. Jasmonic acid at the crossroads of plant immunity and *Pseudomonas syringae* virulence[J]. International Journal of Molecular Sciences,2020,21(20):7482.

[30]GRUNEWALD W,VANHOLME B,PAUWELS L,et al. Expression of the Arabidopsis jasmonate signalling repressor *JAZ1/TIFY10A* is stimulated by auxin[J]. EMBO reports,2009,10(8):923-928.

[31]WANG C L,CHEN N N,LIU J Q,et al. Overexpression of*ZmSAG39* in maize accelerates leaf senescence in Arabidopsis thaliana[J]. Plant Growth Regula-

tion,2022,98:451-463.

[32]ZHU X Y,CHEN J Y,XIE Z K,et al. Jasmonic acid promotes degreening via MYC2/3/4- and ANAC019/055/072-mediated regulation of major chlorophyll catabolic genes[J]. The Plant Journal,2015,84(3):597-610.

[33]QI T C,WANG J J,HUANG H,et al. Regulation of jasmonate-induced leaf senescence by antagonism between bhlh subgroup IIIe and IIId factors in *Arabidopsis*[J]. The Plant Cell, 2015,27(6):1634-1649.

[34]LINCOLN J E, SANCHEZ J P, ZUMSTEIN K, et al. Plant and animal PR1 family members inhibit programmed cell death and suppress bacterial pathogens in plant tissues[J]. Molecular Plant Pathology,2018,19(9):2111-2123.

5 基于转录组学的甜菜抗褐斑病信号转导途径分析

5.1　研究背景

5.1.1　植物系统性获得抗性

在受到微生物病原体的局部感染后,植物会在远离感染部位的远端组织中产生强大的抵抗力,以应对之后的再次侵染,这种类型的抗性被称为系统性获得抗性。系统性获得抗性是植物对病原体继发感染的一种广谱免疫反应,在植物保护方面具有可持续性和长期性。

当微生物病原体入侵植物细胞时,植物细胞首先通过细胞壁等物理屏障和产生对抗微生物病原体的化学物质等化学屏障来阻止微生物病原体进入细胞,这些是非特异性防御机制。除此之外,细胞表面的模式识别受体通过高度保守的病原体相关模式识别不同类型的病原体。植物进化出了由病原体相关模式触发的免疫作为细胞层面的第 1 层主动防御,但一些病原体会向寄主细胞注射效应蛋白来抑制触发的免疫;为了抵御这类病原体,植物进化出抗性蛋白直接或间接检测效应蛋白的活性,从而触发免疫使病原体变得无毒。无毒病原体诱导产生一系列信号,如水杨酸、水杨酸甲酯、甘油 3 磷酸等,导致远离感染部位的远端组织中与抗病原体相关基因的系统表达,从而激活系统性获得抗性。

5.1.2　水杨酸信号转导途径

水杨酸是酚类化合物,是重要的植物激素,参与调控多个方面的植物生长发育,能够激活植物对生物和非生物胁迫的防御系统。水杨酸的积累对系统性获得抗性的激发具有重要作用;当拟南芥的水杨酸合成途径受到抑制时,植物无法产生系统性获得抗性。起初,水杨酸被认为是系统性获得抗性的长距离信号分子;烟草嫁接实验表明,野生型接穗在砧木水杨酸合成缺陷的情况下也可以激发系统性获得抗性,说明水杨酸在系统性获得抗性中发挥重要作用,但水杨酸不是系统免疫中的移动信号分子。水杨酸对系统性获得抗性的激发作用依赖于水杨酸甲酯的传输,被病原体侵染的部位积累水杨酸,这些水杨酸可通过水杨酸甲基转移酶转化为水杨酸甲酯,水杨酸甲酯再通过韧皮部转移到未侵染的组织中,随后在水杨酸酯化酶的作用下转化为水杨酸,从而激发植物的系统性获得抗性;另一方面,在病原体侵染后,部分水杨酸被水杨酸糖基转移酶糖苷化,与葡萄糖结合形成无活性的水杨酸糖苷;水杨酸糖苷储存在液泡中,在病原体的激发下水解成具有生物活性的游离水杨酸。

5.1.3 茉莉酸信号转导途径

茉莉酸是植物对生物胁迫的应激激素,茉莉酸及其衍生分子通常被称为茉莉酸酯,这些衍生分子主要包括茉莉酸甲酯和茉莉酸异亮氨酸。茉莉酸酯与植物对食草性和坏死性病原体的防御有关,可以抑制植物对生物营养型和半生物营养型病原体的抗性反应;水杨酸可以促进植物对这些病原体的抗性反应。水杨酸和茉莉酸酯之间的拮抗作用在拟南芥中得到了进一步的验证,例如,水杨酸介导的信号通路抑制了茉莉酸介导的信号通路,从而保护植物免受生物营养型和半生物营养型病原体的侵染。研究表明,茉莉酸酯与半生物营养型病原体侵染过程中植物免疫的正向调控有关,例如,半生物营养型病原体的侵染增加了拟南芥内源茉莉酸的浓度,缺乏茉莉酸的番茄突变体对野油菜黄单胞菌表现出较大的敏感性。茉莉酸的合成途径集中在叶绿体、过氧化物酶体和细胞质中;将叶绿体中合成的邻苯二胺导入过氧化物酶体会生成新生茉莉酸,新生茉莉酸最终转移到细胞质中进行羟化、脱羧、糖基化等代谢。研究表明,茉莉酸是系统性获得抗性的系统信号,茉莉酸在受到无毒丁香假单胞菌菌株攻击的叶片韧皮部分泌物中迅速积累,与茉莉酸生物合成相关的转录物在 4 h 内上升。

甜菜褐斑病已经成为影响甜菜生长和产量的较严重危害,长期使用化学杀菌剂已经使甜菜褐斑病病原体出现抗药性的现象,因此培育抗甜菜褐斑病的新品种是目前防治甜菜褐斑病较绿色、有效的方法。基因工程的迅速发展使其成为培育作物新品种的强有力的手段;利用具有抗病性的目的基因对已有品种进行改造,可以得到产量高、抗性强的优良品种;挖掘抗病基因是其中至关重要的步骤。NBS-LRR 基因家族是植物较大的抗病基因家族。转录组在植物抗病方面的研究比较普遍,在甜菜中的研究主要关于分析非生物胁迫响应中的信号转导和基因表达,关于转录组在抗病方面的应用鲜有报道。

　　笔者采取生物信息学手段鉴定和分析甜菜 *NBS−LRR* 基因家族,并解剖基因的结构及功能;通过甜菜尾孢菌侵染不同抗性的甜菜品种,取侵染后不同时间点的转录本分析比对,研究甜菜在病原体入侵后的分子机制,挖掘调控甜菜抗褐斑病的基因;将预测的甜菜 *NBS−LRR* 基因家族与甜菜尾孢菌侵染后的甜菜转录组数据联合分析,解析不同抗性的甜菜品种在响应甜菜褐斑病胁迫下的抗病基因的表达模式,并进一步验证预测的甜菜 *NBS−LRR* 基因家族;通过分析茉莉酸、水杨酸和乙烯的浓度变化,并结合相关差异表达基因,了解甜菜尾孢菌与甜菜侵染的互作机制,填补全基因组鉴定的空白,为甜菜抗性基因的研究提供了参考,为揭示甜菜抗病机制及甜菜基因的功能注释提供借鉴。

　　植物激素信号通路是植物与病原体相互作用和植物防御的中心介质;植物激素信号通路之间的串联主导了许多植物物种的防御反应,并且对信号通路与对特定刺激的反应之间的平衡有重要影响。介导植物防御反应的植物激素构成了植物体内相互作用的内源信号分析,其中,水杨酸和茉莉酸是主要的植物激素,其介导的信号通路具有广泛的相互作用。笔者通过测定不同品种、不同处理下甜菜叶片中的水杨酸、茉莉酸的浓度,联合转录组数据挖掘与植物激素信号转导途径相关的基因,分析水杨酸和茉莉酸在甜菜抗褐斑病过程中发挥的作用,为揭示甜菜抗病机制提供依据。

5.2　材料与方法

5.2.1　材料

　　高感甜菜褐斑病品种为 KWS5145,高抗甜菜褐斑病品种为 F85621;用于分离甜菜尾孢菌的病叶来自黑龙江大学呼兰校区甜菜感病区。

　　将 KWS5145 和 F85621 的种子用无菌水浸泡过夜,用 0.3% 福美霜浸种消毒,洗净后放在湿滤纸上于 29 ℃的培养箱中培养 24 h,选取发芽的种子作为实验材料土培,播种深度为 1 cm。培养条件:相对湿度为 65%,温度为 25 ℃,光照时长为 12 h。

5.2.2 方法

5.2.2.1 甜菜尾孢菌侵染实验及取样

当苗龄为 35 d 时,取 KWS5145 和 F85621 长势良好的植株各 9 株,每个品种以 3 株为 1 次重复从而分为 3 组,分别为对照组、侵染初期实验组和发病期实验组。将操作台进行空气净化和杀菌消毒,用 75% 酒精对 6 组植株进行消毒,无菌水洗净后风干。采用喷雾法接种,将 2 个品种的侵染初期实验组和发病期实验组用孢子悬浮液均匀喷洒,放入温度为 26 ℃、相对湿度为 90% 的光培室中隔离培养。2 个品种的对照组以等量的蒸馏水喷洒,置于相同培养条件的独立空间中培养。

对照组取样方法如下。当侵染 36 h 时,取 2 个品种对照组长势相同的叶片为样品,每株各取 1 g,每组 3 株,即每组 3 份样品,分别装入独立的离心管中编号。KWS5145 对照组的 3 份样品编号为 HS_CK_1、HS_CK_2、HS_CK_3,F85621 对照组的 3 份样品编号为 HR_CK_1、HR_CK_2、HR_CK_3,于−80 ℃ 条件下保存。

侵染初期实验组取样方法如下。当侵染 36 h 时,取 2 个品种侵染初期实验组长势相同的叶片为样品,每株各取 1 g,每组 3 株,即每组 3 份样品,分别装入独立的离心管中编号。KWS5145 侵染初期实验组的 3 份样品编号为 HS_infected_1、HS_infected_2、HS_infected_3,F85621 侵染初期实验组的 3 份样品编号为 HR_infected_1、HR_infected_2、HR_infected_3,于−80 ℃ 条件下保存。

发病期实验组取样方法如下。当侵染 96 h 时,取 2 个品种发病期实验组长势相同的叶片为样品,每株各取 1g,每组 3 株,即每组 3 份样品,分别装入独立的离心管中编号。KWS5145 发病期实验组的 3 份样品编号为 HS_disease_1、HS_disease_2、HS_disease_3,F85621 发病期试验组的 3 份样品编号为 HR_disease_1、HR_disease_2、HR_disease_3,于−80 ℃ 条件下保存。

取样分别用于转录组测序、水杨酸和茉莉酸浓度测量、qPCR,保持取样时间和取样植株的一致性。

5.2.2.2　水杨酸浓度测定

采用植物水杨酸 ELISA 试剂盒并应用双抗体夹心法对甜菜叶片水杨酸浓度进行测定。在 150 μL 标准品(共 5 个)中加入 150 μL 标准品稀释液,作标准品备用。在酶标包被板上分别设空白对照孔、标准孔和待测样品孔,在标准孔中加入标准品 50 μL;待测样品孔中先加样品稀释液 40 μL,再加入待测样品 10 μL,保证样品最终稀释浓度为 5 倍;空白对照孔中不加样品和酶标试剂,其余各步操作相同。加样过程中保证样品不接触孔壁,轻轻晃动使样品均匀;用封板膜封板后置于 30 ℃温浴 30 min;将 30 倍浓缩洗涤液用蒸馏水温育 30 min 后备用;温浴后小心揭掉封板膜,弃液体并甩干,每孔加满洗涤液,静置 30 s 后弃去,重复 5 次,拍干;除空白孔外,每孔加入 50 μL 酶标试剂,37 ℃温浴 30 min,重复 5 次洗涤液洗涤过程;每孔先加入 50 μL 显色剂 A,再加入 50 μL 显色剂 B,轻轻振荡混匀,30 ℃避光显色 10 min;每孔加入终止液 50 μL,终止反应,此时孔中由蓝色立即转为黄色;在加入终止液 150 min 内,以空白孔调零,450 nm 波长处依序测量各孔的吸光度。每个样品检测 3 次。

以标准品的浓度为横坐标,OD 值为纵坐标,画出标准曲线,计算标准曲线的直线回归方程;将样品的 OD 值代入方程式,计算出样品浓度,再乘稀释倍数,即样品的实际浓度。

5.2.2.3　茉莉酸浓度测定

采用植物茉莉酸 ELISA 试剂盒测定甜菜叶片茉莉酸浓度,每个样品进行 3 次重复。

5.2.2.4　信号转导途径相关基因筛选

对 KWS5145 和 F85621 侵染初期与对照比较组的差异表达基因进行功能注释,查找其中与水杨酸、茉莉酸信号转导途径相关的基因,对表达量变化进行统计。利用相关网站对 F85621 筛选出的基因进行蛋白互作分析。

5.2.2.5　qPCR 分析

对筛选的与水杨酸、茉莉酸信号转导途径相关基因进行 qPCR,并与转录组测序得到的数据比较。

（1）RNA 提取

采用 Trizol 法进行 18 个样品的 RNA 提取。加入 1 mL Trizol 试剂于灭菌离心管中，冰浴待用。取 0.4 g 甜菜叶片并用灭菌水冲洗，用灭菌 DEPC 水消毒；用液氮预冷研钵，将叶片放入研钵中，倒入没过叶片的液氮，快速研磨至泛白粉末；将研磨后的叶片快速加入装有 Trizol 试剂的离心管中，充分混匀，加入 100 μL 醋酸钠，冰浴 10 min；加入 300 μL 氯仿，静置冰中分层；4 ℃、12 000 r/min 离心 15 min；取上清液 600 μL 于新离心管中，加入等体积的异丙醇，放入−20 ℃冰箱中冷存 1 h；4 ℃、12 000 r/min 离心 20 min；弃上清液，用 70%乙醇洗涤沉淀 2~3 次，晾干后加入 100 μL DEPC 水溶解沉淀。

（2）RNA 反转录

使用 FastKing gDNA Dispelling RT SuperMix 反转录试剂盒进行 RNA 反转录。将模板 RNA 放在冰上解冻；5×FastKing-RT SuperMix 和 RNase-Free ddH$_2$O 于室温解冻，解冻后迅速置于冰上。将每种溶液涡旋振荡混匀，在冰上按照表 5-1 配制反转录反应体系，按照表 5-2 进行反转录反应。

表 5-1　反转录反应体系

组成成分	使用量
5×FastKing-RT SuperMix	4 μL
总 RNA	根据 RNA 浓度选择最佳用量
RNase-Free ddH$_2$O	补足到 20 μL

表 5-2　反转录反应程序

反应温度/℃	反应时间/min
42	15
95	3

（3）qPCR 反应

使用 NCBI Primer-BLAST 进行引物设计，使用 TB Green Premix Ex Taq Ⅱ试剂盒进行 qPCR。将试剂上下颠倒轻轻混合均匀，按照表 5-3 配制 PCR 反应液并进行 qPCR 反应,配制过程在冰上进行。

表 5-3　qPCR 反应体系

试剂	使用量	反应条件	
TB Green Premix Ex Taq Ⅱ(2×)	10 μL	95 ℃、30 s	
上游引物(10 μmmol/L)	0.8 μL	95 ℃、5 s	
下游引物(10 μmmol/L)	0.8 μL	60 ℃、30 s	40 个循环
ROX Reference Dye(50×)	0.4 μL	95 ℃、15 s	
DNA 模板	50 ng	60 ℃、1 min	
灭菌水	补足至 20 μL	95 ℃、15 s	

5.3　结果与分析

5.3.1　不同条件下甜菜叶片水杨酸浓度变化

如图 5-1 所示,水杨酸标准曲线为 $y=-5.078\ 6+700.219\ 9x$, $R^2=0.998\ 0$。如图 5-2 所示:F85621 水杨酸浓度为侵染初期实验组>发病期实验组>对照组,KWS5145 水杨酸浓度为发病期实验组>对照组>侵染初期实验组。

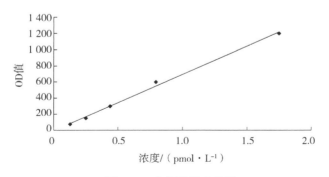

图 5-1　水杨酸标准曲线

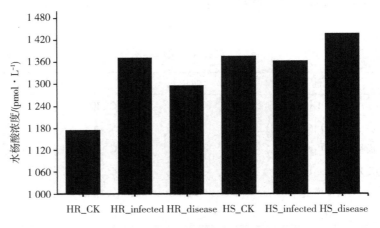

图 5-2　甜菜叶片水杨酸浓度柱状图

5.3.2　不同条件下甜菜叶片茉莉酸浓度变化

如图 5-3 所示,茉莉酸标准曲线为 $y = 10.522\ 6 + 543.955\ 4x$, $R^2 = 0.998\ 2$。如图 5-4 所示:F85621 茉莉酸浓度为侵染初期实验组>对照组>发病期实验组,KWS5145 茉莉酸浓度为侵染初期实验组>发病期实验组>对照组。

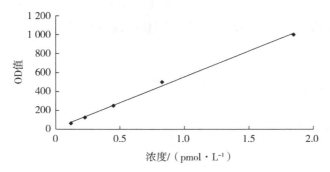

图 5-3　茉莉酸标准曲线

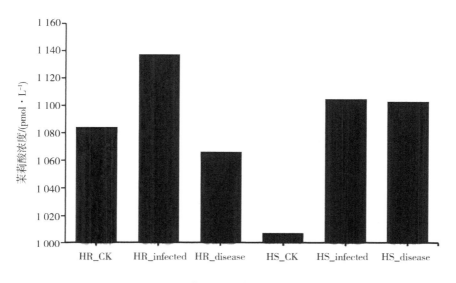

图 5-4 甜菜叶片茉莉酸浓度柱状图

5.3.3 与水杨酸、茉莉酸信号转导途径相关基因分析

5.3.3.1 基因表达量分析

笔者从 F85621 侵染初期与对照比较组的差异表达基因中筛选了 3 个与水杨酸、茉莉酸信号转导途径相关基因,对表达量进行统计,结果如表 5-4 所示。*BVRB_9g*222570 参与水杨酸信号转导途径,侵染初期实验组基因表达量是对照组的 43.385 倍。*BVRB_5g*105880、*BVRB_8g*190750 参与茉莉酸信号转导途径,侵染初期实验组基因表达量分别是对照组的 5.081 倍、2.589 倍。

表 5-4 F85621 水杨酸和茉莉酸信号转导途径相关基因表达量

基因 ID	植物激素信号转导途径	表达量		
		HR_CK	HR_infected	HR_infected/HR_CK
*BVRB_9g*222570	水杨酸	1.627	70.587	43.385
*BVRB_5g*105880	茉莉酸	31.753	161.327	5.081
*BVRB_8g*190750	茉莉酸	216.007	559.177	2.589

　　笔者从 KWS5145 侵染初期与对照比较组的差异表达基因中筛选了 7 个与水杨酸、茉莉酸信号转导途径相关基因，结果如表 5-5 所示。$BVRB\_9g222580$、$BVRB\_9g222530$ 参与水杨酸信号转导途径，侵染初期实验组基因表达量分别是对照组的 4.711 倍、10.484 倍。$BVRB\_5g104050$、$BVRB\_6g149890$、$BVRB\_7g169710$、$BVRB\_5g105880$、$BVRB\_8g190750$ 参与茉莉酸信号转导途径，侵染初期实验组基因表达量分别是对照组的 8.671 倍、9.412 倍、9.221 倍、5.369 倍、4.698 倍。

表 5-5　KWS5145 水杨酸和茉莉酸信号转导途径相关基因表达量

基因 ID	植物激素信号转导途径	表达量		
		HS_CK	HS_infected	HS_infected/HS_CK
$BVRB\_9g222580$	水杨酸	0.370	1.743	4.711
$BVRB\_9g222530$	水杨酸	0.517	5.420	10.484
$BVRB\_5g104050$	茉莉酸	5.057	43.850	8.671
$BVRB\_6g149890$	茉莉酸	23.313	219.420	9.412
$BVRB\_7g169710$	茉莉酸	32.563	300.250	9.221
$BVRB\_5g105880$	茉莉酸	43.887	235.627	5.369
$BVRB\_8g190750$	茉莉酸	191.027	897.357	4.698

5.3.3.2　F85621 蛋白互作分析

　　笔者对 F85621 中筛选出的 1 个与水杨酸信号转导途径相关基因和 2 个与茉莉酸信号转导途径相关基因进行蛋白互作分析，结果如图 5-5 所示。XP_010687548.1 对应茉莉酸信号转导途径相关基因 $BVRB\_8g190750$，XP_010677236.1 对应茉莉酸信号转导途径相关基因 $BVRB\_5g105880$，XP_010691522.1 对应水杨酸信号转导途径相关基因 $BVRB\_9g222570$；蛋白 BVRB_8g190750 被识别为 JAZ1，蛋白 BVRB_5g105880 被识别为 MYC2，蛋白 BVRB_9g222570 被识别为 PR1;3 个蛋白中共有 3 种功能富集，分别为植物激素信号转导、MAPK 信号通路-植物、GATA 结构域。茉莉酸信号转导途径相关的 2 个蛋白存在多种互作。

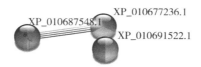

图 5-5 蛋白互作分析

5.3.3.3 qPCR 分析

基因信息及引物设计见附表 2。侵染初期与水杨酸、茉莉酸信号转导途径相关基因 qPCR 分析如图 5-6 所示。

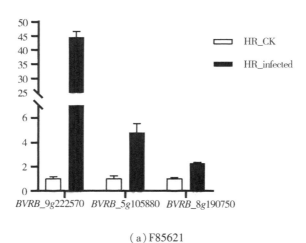

（a）F85621

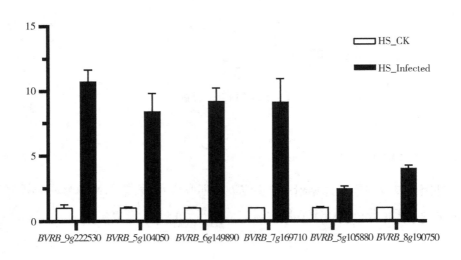

（b）KWS5145

图 5-6　侵染初期与水杨酸、茉莉酸信号转导途径相关基因 qPCR 分析

5.4　讨论与结论

5.4.1　讨论

植物激素是调节植物生长发育各个方面的小信号分子,在不同条件下有不同的作用模式;生物合成和信号转导是植物激素主要发挥的作用。笔者对 KWS5145 和 F85621 不同处理组的甜菜叶片进行了水杨酸和茉莉酸浓度测定,结果表明:F85621 对照组的水杨酸浓度低于 KWS5145 对照组,F85621 侵染初期实验组水杨酸浓度高于 F85621 对照组和 KWS5145 侵染初期实验组,这表明植物体内本身具有的水杨酸浓度并不能代表品种的抗病性,对植物抗病性更重要的是植物合成和运输水杨酸的能力;F85621 水杨酸浓度为侵染初期实验组>发病期实验组>对照组,说明在 F85621 水杨酸在发病期发挥的作用小于侵染初期;KWS5145 水杨酸浓度为发病期实验组>对照组>侵染初期实验组,说明 KWS5145 在侵染初期的合成水杨酸能力小于 KWS5145,导致体内水杨酸浓度

降低;F85621 茉莉酸浓度为侵染初期实验组>对照组>发病期实验组,KWS5145
茉莉酸浓度为侵染初期实验组>发病期实验组>对照组;F85621 对照组茉莉酸
浓度高于 KWS5145;与对照组相比,F85621 侵染初期实验组茉莉酸浓度的增幅
小于 KWS5145 侵染初期实验组,这与水杨酸浓度变化相反,进一步验证了茉莉
酸和水杨酸之间的拮抗作用;F85621 发病期实验组茉莉酸浓度小于对照组,同
时小于 KWS5145 侵染初期实验组和发病期实验组的茉莉酸浓度,这与有学者
在番茄应对烟粉虱取食后茉莉酸及水杨酸的动态变化研究的结果相似。

　　笔者以转录组数据为基础,分别从 KWS5145 和 F85621 侵染初期与对照比
较组的差异表达基因中筛选与水杨酸、茉莉酸信号转导途径相关基因,并对表
达量进行统计。结果表明:F85621 有 1 个与水杨酸和 2 个与茉莉酸信号转导途
径相关基因,KWS5145 有 2 个与水杨酸和 5 个与茉莉酸信号转导途径相关基
因;BVRB_5g105880 和 BVRB_8g190750 在 KWS5145 和 F85621 中均是与茉莉酸
信号转导途径相关基因,因此这 2 个基因在参与激素信号转导方面不具备特异
性,对高抗品种抗褐斑病的作用并不显著;BVRB_9g222570 是 F85621 与水杨酸
信号转导途径相关基因,侵染初期实验组基因表达量是对照组的 43.385 倍;该
基因在 KWS5145 侵染初期具备特异性,推测该基因在 KWS5145 抵御甜菜尾孢
菌侵染初期的水杨酸信号转导过程中发挥重要作用。

　　笔者对 F85621 中 1 个与水杨酸信号转导途径相关基因和 2 个与茉莉酸信
号转导途径相关基因进行蛋白互作分析,结果表明,3 个蛋白分别被识别为
JAZ1、MYC2 和 PR1。JAZ 结构域蛋白已被确定为茉莉酸信号抑制因子;JAZ1
的表达由茉莉酸诱导,同时也是一种生长素反应基因。以上结果说明 F85621
在侵染初期的茉莉酸信号转导途径与生长素之间有密切的分子相互作用。
MYC2 是重要的转录因子,在茉莉酸信号转导途径中具有重要作用;为了响应
JA 信号,受体 COI1 诱导 JAZ 蛋白进行降解,从而释放下游 JA 响应基因,其中
包括 MYC2 转录因子。因此 2 个 JA 信号转导途径相关蛋白的互作方式之一为
JAZ 蛋白降解引起 MYC2 转录因子的响应。PR1 蛋白是在抵御病原体过程中
合成的一系列蛋白质,与系统性获得抗性相关,这进一步验证了水杨酸信号转
导途径与系统性获得抗性密切相关。笔者通过对筛选的与水杨酸、茉莉酸信号
转导途径相关基因进行 qPCR 分析,将结果与转录组测序的结果相比较,发现基
因在侵染初期与对照组的比值是一致的,进一步验证了转录组测序的可靠性。

5.4.2 结论

F85621 水杨酸浓度为侵染初期实验组>发病期实验组>对照组,KWS5145 水杨酸浓度为发病期实验组>对照组>侵染初期实验组。F85621 茉莉酸浓度为侵染初期实验组>对照组>发病期实验组,KWS5145 茉莉酸浓度为侵染初期实验组>发病期实验组>对照组。

F85621 中有 1 个与水杨酸和 2 个与茉莉酸信号转导途径相关基因, KWS5145 中 2 个与水杨酸和 5 个与茉莉酸信号转导途径相关基因,*BVRB_5g*105880 和 *BVRB_8g*190750 在 KWS5145 和 F85621 中均参与茉莉酸信号转导途径;*BVRB_9g*222570 参与 F85621 水杨酸信号转导途径,侵染初期实验组基因表达量与对照组的比值较高。蛋白 BVRB_8g190750 被识别为 JAZ1,蛋白 BVRB_5g105880 被识别为 MYC2,蛋白 BVRB_9g222570 被识别为 PR1。

参考文献

[1]JONES D A,TAKEMOTO D. Plant innate immunity-direct and indirect recognition of general and specific pathogen-associated molecules[J]. Current Opinion in Immunology,2004,16(1):48-62.

[2]FU Z Q,DONG X N. Systemic acquired resistance:turning local infection into global defense[J]. Annual Review of Plant Biology,2013,64:839-863.

[3]BOLLER T,FELIX G. A renaissance of elicitors:perception of microbe-associated molecular patterns and danger signals by pattern-recognition receptors[J]. Annual Review of Plant Biology,2009,60:379-406.

[4]JONES J D G,DANGL J L. The plant immune system[J]. Nature,2006,444:323-329.

[5]DURRANT W E,DONG X. Systemic acquired resistance[J]. Annual Review of Phytopathology,2004,42:185-209.

[6]WILDERMUTH M C,DEWDNEY J,WU G,et al. Isochorismate synthase is required to synthesize salicylic acid for plant defence[J]. Nature,2001,414:562-565.

[7]PALLAS J A,PAIVA N L,LAMB C,et al. Tobacco plants epigenetically suppressed in phenylalanine ammonia-lyase expression do not develop systemic acquired resistance in response to infection by tobacco mosaic virus[J]. The Plant Journal,1996,10(2):281-293.

[8]GAO H,GUO M J,SONG J B,et al. Signals in systemic acquired resistance of plants against microbial pathogens[J]. Molecular Biology Reports,2021,48(4):3747-3759.

[9]DEAN J V,MOHAMMED L A,FITZPATRICK T. The formation,vacuolar localization,and tonoplast transport of salicylic acid glucose conjugates in tobacco cell suspension cultures[J]. Planta,2005,221(2):287-296.

[10]GHORBEL M,BRINI F,SHARMA A,et al. Role of jasmonic acid in plants:the molecular point of view[J]. Plant Cell Reports,2021,40:1471-1494.

[11]CUI H T,QIU J D,ZHOU Y,et al. Antagonism of transcription factor MYC2 by EDS1/PAD4 complexes bolsters salicylic acid defense in *Arabidopsis* effector-triggered immunity[J]. Molecular Plant,2018,11:1053-1066.

[12]YANG J,DUAN G H,LI C Q,et al. The crosstalks between JA and other plant hormone signalings highlight the involvement of JA as a core component in plant response to biotic and abiotic stresses[J]. Frontiers in Plant Science,2019,10:1349.

[13]LIU L J,SONBOL F M,HUOT B,et al. Salicylic acid receptors activate jasmonic acid signalling through a non-canonical pathway to promote effector-triggered immunity[J]. Nature Communications,2016,7:13099.

[14]GUPTA A,HISANO H,HOJO Y,et al. Global profiling of phytohormone dynamics during combined drought and pathogen stress in *Arabidopsis thaliana* reveals ABA and JA as major regulators[J]. Scientific Reports,2017,7:4017.

[15]THALER J S,OWEN B,HIGGINS V J. The role of the jasmonate response in plant susceptibility to diverse pathogens with a range of lifestyles[J]. Plant Physiology,2004,135(1):530-538.

[16]STASWICK P E,TIRYAKI I. The oxylipin signal jasmonic acid is activated by an enzyme that conjugates it to isoleucine in *Arabidopsis*[J]. The Plant Cell,

2004,16(8):2117-2127.

[17]TRUMAN W,BENNETT M H,KUBIGSTELTIG I,et al. *Arabidopsis* systemic immunity uses conserved defense signaling pathways and is mediated by jasmonates[J]. Proceedings of the National Academy of Sciences,2007,104(3): 1075-1080.

[18]AALTO M K,HELENIUS E,KARIOLA T,et al. ERD15—an attenuator of plant ABA responses and stomatal aperture[J]. Plant Science,2012,182:19-28.

[19]ANDERSON J P,BADRUZSAUFARI E,SCHENK P M,et al. Antagonistic interaction between abscisic acid and jasmonate – ethylene signaling pathways modulates defense gene expression and disease resistance in *Arabidopsis*[J]. The Plant Cell,2004,16(12):3460-3479.

[20]DODDS P N,RATHJEN J P. Plant immunity:towards an integrated view of plant-pathogen interactions[J]. Nature Reviews Genetics,2010,11:539-548.

[21]ZHANG X L,HUANG X L,LI J,et al. Evaluation of the RNA extraction methods in different *Ginkgo biloba* L. tissues[J]. Biologia,2021,76:2393-2402.

[22]RANJAN A,SINHA R,LAL S K,et al. Phytohormone signalling and cross-talk to alleviate aluminium toxicity in plants[J]. Plant Cell Reports,2021,40: 1331-1343.

[23]GUILLORY A,BONHOMME S. Phytohormone biosynthesis and signaling pathways of mosses[J]. Plant Molecular Biology,2021,107:245-277.

[24]GUPTA A,BHARDWAJ M,TRAN L S P. Jasmonic acid at the crossroads of plant immunity and *Pseudomonas syringae* virulence[J]. International Journal of Molecular Sciences,2020,21(20):7482.

[25]GRUNEWALD W,VANHOLME B,PAUWELS L,et al. Expression of the *Arabidopsis* jasmonate signalling repressor *JAZ1/TIFY10A* is stimulated by auxin [J]. EMBO Reports,2009,10(8):923-928.

[26]WANG C L,CHEN N N,LIU J Q,et al. Overexpression of *ZmSAG39* in maize accelerates leaf senescence in *Arabidopsis thaliana*[J]. Plant Growth Regulation,2022,98:451-463.

[27]ZHU X Y,CHEN J Y,XIE Z K,et al. Jasmonic acid promotes degreening via

MYC2/3/4- and ANAC019/055/072-mediated regulation of major chlorophyll catabolic genes[J]. The Plant Journal,2015,84(3):597-610.

[28]QI T C,WANG J J,HUANG H,et al. Regulation of jasmonate-induced leaf senescence by antagonism between bHLH subgroup IIIe and IIId factors in *Arabidopsis*[J]. The Plant Cell,2015,27(6):1634-1649.

[29]LINCOLN J E,SANCHEZ J P,ZUMSTEIN K,et al. Plant and animal PR1 family members inhibit programmed cell death and suppress bacterial pathogens in plant tissues[J]. Molecular Plant Pathology,2018,19(9):2111-2123.

[30]张青,赵景梅,黄东益,等.大薯病程相关蛋白1(PR1)基因及其启动子序列的克隆与分析[J].分子植物育种,2018,16(7):2078-2084.

[31]何瑜晨.茉莉酸及水杨酸信号路径在番茄防御烟粉虱中的作用研究[D].杭州:中国计量大学,2017.

6 甜菜 *MAPK* 基因家族的抗性相关基因及甜菜尾孢菌胁迫下的表达研究

6.1　研究背景

6.1.1　植物中的 MAPK 信号转导

　　信号转导是信息在生物系统中流动的过程。在分子水平上,这种信息流动是通过细胞内受体蛋白识别胞外信号分子的运动来实现的。植物经常受到各种病原体的感染;由于缺乏适应性免疫系统,每个植物细胞都被认为保持了启动有效先天免疫反应的能力。

　　在细胞内免疫途径中,MAPK 级联代表了调节多种免疫反应的关键会聚模块,是受体/感受器下游的关键信号模块;这些受体/感受器感知内源性和外源性刺激。经典的 MAPK 级联是三种激酶模块。MAPK 级联的核心成分包括上游成分 MAPK 激酶激酶(MAPKKK、MKKK 或 MEKK)、MAPK 激酶(MAPKK、MKK 或 MEK)和 MAPK,是真核细胞中主要的信号系统之一,是普遍存在的信号转导模块。这些蛋白质磷酸化级联调节细胞内的传递和细胞外刺激的放大,导致适当的生化和生理细胞反应的诱导。作为对刺激的反应,MAPK 形成原型序列级联的末端成分,并由 MAPK 激酶通过位于激酶子域Ⅶ和Ⅷ之间的激活环(T-LOOP 环)中的 TxY 基序中保守酪氨酸和苏氨酸的双重磷酸化来激活,其中磷酸化信号从 MAPKKK 线性转导到 MAPK。MAPK 级联在植物的整个生命周期中一直存在且发挥着重要作用,这与 MAPK 级联作为连接细胞表面受体/传感器和细胞内事件的分子开关的作用一致。MAPKKK 磷酸化并激活下游 MAPKK,响应于配体的受体 MAPKK 感应(内源性或外源性)触发 MAPK 活化,导致 MAPK 特定的下游底物的磷酸化来激活细胞反应。MAPK 底物的多样性以及不同的时空表达模式为 MAPK 级联提供了控制各种生物过程的能力。MAPK 级联反应控制哺乳动物细胞的增殖、分化和凋亡;对于植物,除气孔和花的发育外,MAPK 级联还调节生物和非生物胁迫反应,在植物的免疫、各种生物和非生物胁迫、激素细胞分裂信号响应等过程中具有重要作用。信号通路作为真核细胞内几乎所有分子过程的决定因素,通常被认为是细胞外和细胞内环境线索之间的联系。植物 MAPK 级联反应几乎涵盖了植物生长发育和对环境刺激的反应的所有方面,包括病原体入侵。

MAPK 是丝氨酸/苏氨酸蛋白激酶,由多种刺激物(如细胞因子、生长因子、神经递质、激素等)激活。MAPK 在所有真核细胞中均有表达。MAPK 模块包括 3 种激酶,它们建立了包括 MAPKKK、MAPKK 和 MAPK 的顺序激活途径。

涉及 MAPK 的通路被激活可以响应异常多样的刺激。这些刺激物从生长因子和细胞因子到辐射、渗透压和流经细胞的流体的剪切应力都不同。最小的 MAPK 模块由 3 个顺序激活途径的激酶组成。SXXXS/T 基序中的 MAPK 在 MAPKKK 磷酸化激活时激活下游 MAPKK。MAPKK 是能够识别并磷酸化 MAPK 激活环 Thr-X-Tyr 基序中酪氨酸和苏氨酸的激酶,通常将 MAPKK 定义为双特异性激酶。MAPK 是模块中的最终激酶,在丝氨酸和苏氨酸残基上磷酸化底物。MAPK 定义的大多数底物是转录因子,MAPK 具有磷酸化许多其他底物(如其他蛋白激酶、磷酸化酶和细胞骨架相关蛋白)的能力。

6.1.2 植物 MAPK 基因家族研究现状

关于拟南芥 MAPK 同源的 MAPK 级联在多种植物中已有大量研究,研究表明:从拟南芥中筛选出来的 20 个 MAPK 中的 AtMAPK3 和 AtMAPK6 与各种环境胁迫密切相关;从水稻中筛选出来的 16 个 MAPK 中的 OsMAPK11 和 OsMAPK12 同位于 5 号染色体上,推测水稻 MAPK 家族主要由片段复制产生。有学者从葡萄中筛选出 12 个 MAPK 基因家族成员,其中 VvMPK1 在雄蕊和花粉中高度表达,VvMPK10 在所有花器中高度表达。有学者从桑树中筛选出 47 个 MAPK 基因家族成员,其中 10 个 MnMAPK 基因对高温、低温、盐、干旱胁迫均有反应;除 MnMAPK9 外,均可由 ABA、SA、H_2O_2 和 MeJA 诱导。有学者从西瓜中筛选到 21 个 MAPK;当 CIMPK1、CIMPK4-2 和 CIMPK7 在烟草中瞬时表达时,对灰霉病菌的抗性具有负向调节作用。有学者从棉花中筛选出来 11 个 MAPK 基因家族成员,其中,MKK1 有助于抵抗盐和干旱胁迫,MKK4 参与调节脱落酸和赤霉素。有学者在面包小麦中筛选出 54 个 MAPK 基因家族成员,其中第 Ⅰ 组的每个成员在所有的器官中都高度表达。有学者在酸枣中筛选出 10 个 MAPK 基因家族成员,ZjMKK5 在枣花芽发育早期特异表达,说明该基因在生殖器官发育中具有重要作用。有学者从麻疯树中筛选出 12 个 MAPK 基因家族成员,它们均在冷应激的 48 h 内上调。有学者从猕猴桃中筛选出 18 个 *MAPK* 基因家族成员,其中 *AcMAPK*12 在任何激素处理下的基因表达下调都是由寒冷和盐胁迫通过转录方式诱导的,*AcMAPK*15 和 *AcMAPK*16 基因发热表达受到大多数激素(JA 除外)和热处理的抑制。

6.1.3　植物 MAPK 在逆境胁迫中的功能

外界环境因素变化会对植物生长发育造成一定影响,植物在面对不同逆境胁迫时会进化出复杂的响应机制。生物和非生物胁迫都能激活防御免疫基因,导致大量 MAPK 激活。理解植物环境信号的检测机制并将该检测机制传递到细胞以激活适应性反应具有重要意义。了解逆境胁迫下的信号转导对于育种改良、转基因策略的发展实施、提高作物抗逆性至关重要。

6.1.3.1　MAPK 在逆境胁迫下的信号转导

在生长发育过程中,植物通过不同的信号来适应环境变化。在受外部环境刺激期间,植物向靶细胞发送不同的信号,将胞外刺激转化成细胞反应。当植物长期遭受病原体侵害时,会通过激活防御应答的信号转导途径来抵抗病原体的侵染。细胞质受体类激酶和 MAPK 级联在多种模式识别受体下游发挥作用,传递免疫信号。

植物利用大量细胞表面的模式识别受体感知寄主和微生物衍生的分子模式,这些模式在感染过程中特异性释放并激活防御反应。MPK3、MPK4 和 MPK6 的激活是所有已知模式识别受体激活免疫系统的标志,对建立抗病性至关重要。MAPK 激酶激酶 MEKK1 控制 MPK4 的激活,但在不同模式识别受体下游负责 MPK3/6 激活的 MAPKKK 以及对不同分子模式的感知导致 MAPKKK 的激活还未能得知。有研究表明,在拟南芥中 2 个高度相关的 MAPKKK(MAPKKK3 和 MAPKKK5)通过至少 4 个模式识别受体介导 MPK3/MPK6 激活,并在拟南芥中产生对细菌和真菌的抗性,MKK4 和 MKK5 可以同时激活 MPK3 和 MPK6,MPK4 可以被 MKK1 和 MKK2 激活。介导模式触发 MPK3/MPK6 激活 MAPKKK 的不确定性限制了对植物免疫信号通路的理解,可能是因为大型 MAPKKK 家族成员之间的功能冗余,以及单个 MAPKKK 突变体的弱表型。在 MAPKK5 突变体中,细菌鞭毛蛋白肽(flg22)触发的 MPK3/MPK6 激活轻微减少,几丁质触发的 MPK3/MPK6 激活正常。研究表明,MAPKKK5 突变体表现出增强的 flg22 触发的 MPK3/MPK6 激活,但减少了几丁质触发的 MPK3/MPK6 激活。MAPK 激酶 MKK2 不仅在非生物胁迫耐受性中起作用,在植物的抗病性中也有着重要的作用。MAPKKK3/MAPKKK5 也是模式触发防御基因表达和抵抗细菌及真菌所必需的。与拟南芥 MAPKKK3/MAPKKK5 的直系同源体水稻 *OSMAPKKKK*18 和 *OSMAPKKKK*24 在几丁质信号转导中的 *OsMKK4-OsMPK3/OsMPK6* 级联上游发挥作用。植物的防御系统由这些级联途径作用构建。

6.1.3.2 MAPK 在激素信号转导通路中的作用

植物的免疫系统是由复杂的激素网络高度调控的。激素网络整合了外部和内部的线索以维持体内平衡,并在空间和时间水平上协调免疫反应。植物激素在调节植物生长、发育和繁殖中起着关键作用。它们作为细胞信号分子出现,在调节对微生物病原体、昆虫、食草动物和有益微生物的免疫反应中发挥关键作用。激素可能作用于免疫识别事件的下游或通过控制细胞中信号成分的基础水平来调节免疫信号。

几种生长促进激素与植物免疫有关。研究表明,生长素可以拮抗水杨酸信号,一些植物病原体已经进化到捕获生长素信号并加以利用。水杨酸和茉莉酸是主要的免疫防御相关激素,它们通常起拮抗作用。有学者将外源喷施水杨酸的拟南芥侵染灰霉病菌,发现发病率降低。研究表明,MKK3-MPK6 级联在茉莉酸介导的信号途径中具有关键性作用,MPK4 被确定为水杨酸信号的负调节器和茉莉酸信号的正调节器。研究表明,茉莉酸甲酯外源喷施甜瓜后所有 *CmMPK* 均被强烈诱导表达,其中 *CmMAPK*21 基因表达量较高且有利于提高对白粉病的抗性。由上述结果可知,MAPK 级联途径与植物激素信号转导有关,激素可能作用于免疫识别过程的下游或通过控制细胞中信号成分的基础水平调节免疫信号,从而调控提高植物的抗逆性。

6.1.4　MAPK 信号转导激酶的蛋白结构特点

MAPK 是混杂的丝氨酸/苏氨酸激酶,可磷酸化多种底物(包括转录因子、蛋白激酶和细胞骨架蛋白)。位于激酶子域Ⅶ和Ⅷ之间的高度保守的 T-X-Y 结构的 T-LOOP 环存在 2 种形式(TEY 和 TDY)。在植物 MAPK 中,除 TEY 和 TDY 外,还有 MEY、TEM、TQM、TRM、TVY、TSY、TEC 和 TYY 激活环基序。TEY 激活环亚族分为 A、B 和 C 类,TDY 激活环亚族为 D 类。在同一组别的 MAPK 成员亲缘关系较近且可能参与发挥相同的作用。有的 MAPK 成员含有 CD-domain[保守基序为(LH)DXXDE(P)X]结构域。

MAPK 在多种生物和生理过程中具有重要意义,在改良抗逆性转基因植物开发中具有潜在应用。笔者利用甜菜蛋白质组数据库,以生物信息学技术手段筛选获得 7 个甜菜 *MAPK* 基因家族成员,并进行染色体定位、系统进化分析等。笔者从甜菜易感病品种 KWS9147 幼苗中分离克隆出 2 个 *MAPK* 基因家族成员(*BvMAPK*4 和 *BvMAPK*7),通过 qPCR 分析基因特性,为甜菜育种中的遗传改良提供了理论依据。

6.2　材料与方法

6.2.1　材料、试剂、引物

6.2.1.1　材料

本章实验的研究对象是甜菜易感病品种 KWS9147。

6.2.1.2　试剂

RNAiso PLUS,RNA 反转录试剂盒,琼脂糖凝胶 DNA 回收试剂盒,无缝克隆试剂盒,高保真酶,qPCR 试剂盒,DL2 000 PLUS,G-Red 核酸染料,DH5α 感受态细胞,X-gal,IPTG,氨苄青霉素。

6.2.1.3 引物

借助 SnapGene 软件设计甜菜 *BvMAPK*4 和 *BvMAPK*7 基因克隆与表达引物，见表 6-1。

表 6-1 *BvMAPK*4 和 *BvMAPK*7 **基因克隆及表达引物**

基因名称	引物序列(5′-3′)	功能
*BvMAPK*4	F：ggatcttccagagatCGCAACAACAACAACAACAACAG	基因克隆
	R：ctgccgttcgacgatCTGTCTGGGGTCAAATGTCAACA	
*BvMAPK*7	F：ggatcttccagagatATGGCGACACAAGTTGAGCC	基因克隆
	R：ctgccgttcgacgatTTAACCGCATACATCCATATTTGGGTTGAC	
GAPDH	F：GCTTTGAACGACCACTTCGC	内参基因
	R：ACGCCGAGAGCAACTTGAAC	
*BvMAPK*4	F：ATCAGGGATTATCAGAAGAGCA	qPCR
	R：AGTGAGACGGTTACAAGAAGTG	
*BvMAPK*7	F：ATTGATGTGTGGTCTGTCGGA	qPCR
	R：TGTTGGGATTTCGGTTCTCCA	

6.2.2 方法

6.2.2.1 甜菜 *MAPK* 基因家族鉴定与分析

（1）甜菜 *MAPK* 基因家族鉴定

甜菜、拟南芥的全基因组序列 fasta 格式文件、基因结构注释 GFF 文件、蛋白质氨基酸序列文件从 NCBI 网站获取。拟南芥 MAPK 级联蛋白的序列可从 TAIR 网站获取。甜菜 *MAPK* 基因家族的基因 ID 从 Ensembl Plants 上得到，一共得到 7 个甜菜 *MAPK* 基因家族成员 ID，在 NCBI 网站上搜索获得甜菜 7 个 *MAPK* 基因家族成员的 CDS 序列。在命名系统中，第 1 个字母代表相应的属名，第 2 个字母代表种名，如 *BvMAPK*1，*BvMAPK*2 等；少数情况下，第 2~3 个字母代表种名。

（2）甜菜 *MAPK* 基因家族编码蛋白质理化分析

使用在线软件程序 ClustalW 进行核苷酸和氨基酸序列的多重比对。蛋白质的氨基酸长度在 Ensembl Plants 上获得；理论分子量、等电点和编码序列长度通过在线程序 Compute pI/Mw 分析；外显子数量可在 NCBI 网站上得到；利用在线程序 PSORT 分析亚细胞定位；染色体定位通过在线软件 MG2C 分析得到；通过 NCBI 在线程序 Web CD-Search Tool 分析蛋白质保守结构域，利用 TBTools 的 Redraw Domain Pattern（from NCBI Batch-CDD）可视化。

（3）甜菜 *MAPK* 基因家族系统进化分析

系统进化分析是基于拟南芥和甜菜 *MAPK* 基因家族编码蛋白质的氨基酸序列，利用在线 Clustal Omega 序列比对，把比对结果导入在线程序 IQ-TREE 并得到数据，再将得到的数据导入到在线程序 EvolView 并进行系统进化分析；MEME 程序用于统计识别 BvMAPK 蛋白完整氨基酸序列中的保守基序，motif 参数数量上限参考猕猴桃设置为 11 个，其他值均设为默认值，下载 MAST. xml 文件，通过 MEGA_X 用极大似然法构建甜菜 ML 进化树，统计方法为邻接（Neighbor joining）法，步长检验设定检验次数为 1 000，并保存 Newick 文件，TBTools Amazing Optional Gene Viewer 可视化甜菜进化树及 motif 分析。

（4）甜菜 *MAPK* 基因家族顺式作用元件分析

顺式作用元件分析是利用 TBTools 提取甜菜所有 CDS 上游 2 000 bp 区域；通过在线 Plantcare 数据库，提交甜菜所有基因上游 2 000 bp promoter 序列并得到预测数据；通过 TBTools Simple Bio Sequence Viewer 可视化分析启动子区序列中假定的顺式作用元件；蛋白互作网格分析通过在线程序 STRING 预测；蛋白家族 3D 结构通过在线软件 Swiss-Model 建模。

6.2.2.2 甜菜总 RNA 的提取和反转录

（1）总 RNA 的提取及检测

选取长至 6 周左右的甜菜苗期真叶，洗净并用 DEPC 水灭菌，采用 Trizol 法提取甜菜叶片总 RNA。配制 1×TAE 电泳缓冲液和琼脂糖凝胶，取 1 μL 提取好的甜菜总 RNA 溶液混合上样缓冲液进行点样，120 V 电泳 30 min，从而检测提取的 RNA 的完整性。用紫外分光光度计检测总 RNA 的浓度以及 A_{260}/A_{280}，比值应该为 1.8~2.0，越接近 2.0 说明 RNA 的质量越好。

（2）反转录 cDNA 的合成

使用 RNA 反转录试剂盒进行反转录并生成第一链互补 DNA（cDNA）。根据说明书进行操作。反转录反应体系如表 6-2 所示。反转录反应程序如表 6-3 所示。

表 6-2　反转录反应体系

组成成分	使用量
5× FastKing-RT SuperMix	4 μL
总 RNA	1 000 ng
RNase-Free ddH$_2$O	补足到 20 μL

表 6-3　反转录反应程序

反应温度/℃	反应时间/min	说明
42	15	去除基因组及反转录反应
95	3	酶灭活过程

6.2.2.3　甜菜 *MAPK* 基因家族目的基因的筛选

笔者实验室前期对甜菜尾孢菌抗性转录组数据进行分析,结果表明,在差异基因聚类分析中,生物学重复之间的基因表达模式相似。笔者从数据中筛选出甜菜 *MAPK* 基因家族相关的 7 条基因（表 6-4）。综合考虑,与激素信号水杨酸、茉莉酸甲酯相关性强且基因表达量高的目的基因为 *BvMAPK*4 和 *BvMAPK*7。

表 6-4　甜菜 *MAPK* 基因家族成员表达量

名称	基因 ID	易感病 重复 1	易感病 重复 2	易感病 重复 3	平均值
*BvMAPK*1	*BVRB_1g*004190	2.49	15.46	10.48	9.48
*BvMAPK*2	*BVRB_5g*111950	9.69	12.02	12.42	11.38
*BvMAPK*3	*BVRB_5g*100010	9.12	6.21	3.14	6.16
*BvMAPK*4	*BVRB_3g*058860	19.20	23.55	17.99	20.25

续表

名称	基因 ID	易感病 重复 1	易感病 重复 2	易感病 重复 3	平均值
BvMAPK5	*BVRB_9g207310*	11. 99	8. 49	10. 68	10. 39
BvMAPK6	*BVRB_5g124150*	22. 48	29. 29	20. 20	23. 99
BvMAPK7	*BVRB_1g006940*	12. 36	12. 58	10. 68	11. 87

6. 2. 2. 4　甜菜目的基因 *BvMAPK4* 和 *BvMAPK7* 克隆

(1)引物设计

根据 NCBI 网站获得目的基因 CDS 全长编码序列,利用 SnapGene 软件设计克隆目的基因引物扩增(表 6-1)。

(2)目的基因 PCR 扩增

以甜菜 cDNA 为模板进行目的基因 PCR 扩增,目的基因 PCR 扩增反应体系如表 6-5 所示,引物如表 6-1 所示。

表 6-5　目的基因 PCR 扩增反应体系

组成成分	使用量/μL	反应条件	
Prime STAR Max Premix(2×)	12. 5		
上游引物(10 μmmol/L)	1	98 ℃、10 s	
下游引物(10 μmmol/L)	1	55 ℃、5 s	30 个循环
cDNA	1	72 ℃、5 s/kb	
RNase-Free ddH$_2$O	9. 5		

(3)目的基因克隆

将 PCR 反应液进行电泳,在紫外灯照射下快速切胶回收,使用琼脂糖凝胶 DNA 回收试剂盒,根据说明书操作。

将回收的目的片段与线性载体连接,使用克隆试剂盒,根据说明书操作。连接体系见表 6-6。37 ℃反应 30 min,4 ℃保存。

表 6-6 连接体系

组成成分	使用量/μL
pUC19 linear vector	1
目的基因	2
5 × CE IIBuffer	4
Exnase II	2
RNase-Free ddH$_2$O	11

重组产物转化方法如下。冰上解冻 DH5α 感受态细胞 5 min;吸取 10 μL 重组反应液加入到 100 μL 感受态细胞中,轻弹管壁混匀,于冰上静置 30 min; 42 ℃金属浴锅热激 45 s 后冰浴 3 min;加入 900 μL 不含抗生素的 LB 液体培养基,37 ℃、200 r/min 摇床摇菌 1 h;菌液 5 000 r/min 离心 5 min 弃上清液,菌体重悬,涂布于含 AMP 抗生素的 LB 固体培养基平板;倒置平板于 37 ℃培养箱中过夜培养 14 h。

阳性克隆筛选方法如下。挑取白色单菌落于含有 AMP 抗生素的 LB 液体培养基中,37 ℃、200 r/min 摇菌 6 h 至菌液浑浊,进行菌液 PCR 及电泳并检测是否为阳性克隆,再进行测序验证。

6.2.2.5 非生物及生物胁迫

(1)非生物胁迫(信号物质诱导处理)

笔者对甜菜幼苗期的真叶进行信号物质诱导处理,分别喷施 5 mmol/L 水杨酸、100 μmol/L 茉莉酸甲酯;对照组为正常喷施蒸馏水生长的甜菜幼苗植株,喷施体积均为每株 10 mL 左右;喷施茉莉酸甲酯的植株在处理后需套袋,在处理后 4 h、8 h、12 h、24 h、72 h 和 120 h 时取生长情况相似的甜菜幼苗真叶,保存在-80 ℃的冰箱中,提取其总 RNA 反转录为 cDNA 后于-20 ℃下保存。

(2)生物胁迫(甜菜尾孢菌侵染)

笔者利用前期从田间取得的感染甜菜褐斑病的甜菜叶片提取、分离、纯化甜菜尾孢菌,在甜菜尾孢菌的培养皿中加入 70 mL 无菌水,刮平培养基上附着的孢子,过滤得到菌液,用血球计数板计数,稀释菌液并用孢子悬浮液外源喷施甜菜幼苗植株,每株 10 mL 左右为实验组,对照组为在相同环境下正常生长的植株。在侵染后 1 d、2 d、3 d、5 d、7 d 和 9 d,取生长情况相似的甜菜幼苗真叶,保存在−80 ℃冰箱中,提取总 RNA 反转录为 cDNA 后于−20 ℃下保存。

（3）qPCR 分析

利用 qPCR 技术分析 KWS9147 甜菜幼苗叶片在非生物及生物胁迫处理后 *BvMAPK*4 和 *BvMAPK*7 基因的表达模式。qPCR 反应体系见表 6−7,引物见表 6−1。

表 6−7 qPCR 反应体系

组成成分	使用量/μL	反应程序（两步法）
TB Green Premix Ex Taq Ⅱ	10	Stage 1:预变性
ROX Reference Dye Ⅱ	0.4	95 ℃、30 s、1 个循环
上游引物（10 μmmol/L）	0.8	Stage 2:PCR 反应
下游引物（10 μmmol/L）	0.8	95 ℃、3 s
cDNA	1	60 ℃、30 s 40 个循环
RNase−Free ddH$_2$O	7	Melt Curve Stage

每个样品做 3 次生物学重复、3 次技术学重复,将对照组的基因表达量设置为 1,使用 $2^{-\Delta\Delta Ct}$ 法计算目的基因 *BvMAPK*4 和 *BvMAPK*7 相对表达量。

6.3 结果与分析

6.3.1 甜菜 *MAPK* 基因家族鉴定与分析

6.3.1.1 甜菜 *MAPK* 基因家族鉴定

笔者获取了 7 个 *MAPK* 基因家族成员,经过多个步骤的筛选和保守结构域的验证,最终确定 7 个假定的 *BvMAPK* 基因并命名为 *BvMAPK*1～*BvMAPK*7。如图 6−1 所示,*BvMAPK*1～*BvMAPK*7 具有 *MAPK* 基因家族特有的结构域,即−TXY motif 和 CD−domain[保守基序为（LH）DXXDE（P）X]结构域。

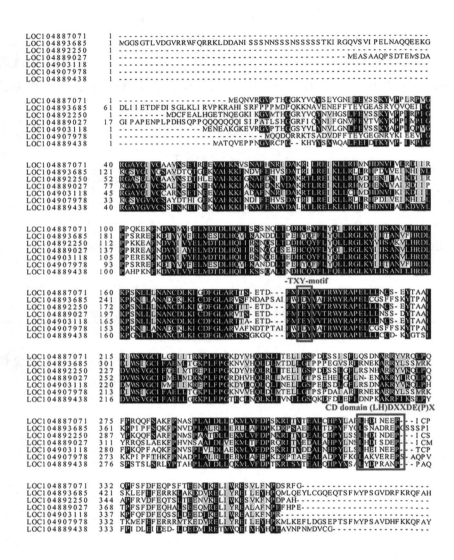

图 6-1　甜菜 *MAPK* 基因家族编码蛋白质的氨基酸多序列比对

注：基因 ID LOC104887071 为 *BvMAPK*1，基因 ID LOC104893685

为 *BvMAPK*2，基因 ID LOC104892250 为 *BvMAPK*3，基因 ID LOC104889027

为 *BvMAPK*4，基因 ID LOC104903118 为 *BvMAPK*5，基因 ID LOC104907978

为 *BvMAPK*6，基因 ID LOC104889438 为 *BvMAPK*7。

6.3.1.2 甜菜 *MAPK* 基因家族编码蛋白质理化性质分析

甜菜 *MAPK* 基因家族编码蛋白质理化性质如表 6-8 所示。甜菜 *MAPK* 基因家族编码蛋白质的氨基酸数差别较大,包含 366~604 个氨基酸,分子量为 42 144.29~68 964.33 Da,等电点为 5.40~8.85。*BvMAPK*6 编码弱碱性蛋白,其他基因均编码弱酸性蛋白。外显子数量 4~11 个。*BVMAPK*2 和 *BvMAPK*6 的 T-LOOP 环为 TDY,其他基因 T-LOOP 环为 TEY。*BvMAPK*2 主要位于细胞核上,其他基因位于细胞质上。

表 6-8　甜菜 *MAPK* 基因家族编码蛋白质理化性质分析

名称	基因 ID	染色体	编码氨基酸数/aa	编码序列长度/bp	分子量/Da
*BvMAPK*1	*LOC*104887071	Chr1	366	1 621	42 144.29
*BvMAPK*2	*LOC*104893685	Chr5	604	2 401	68 964.33
*BvMAPK*3	*LOC*104892250	Chr5	377	1 799	43 084.27
*BvMAPK*4	*LOC*104889027	Chr3	402	1 505	46 184.58
*BvMAPK*5	*LOC*104903118	Chr9	367	1 682	42 413.68
*BvMAPK*6	*LOC*104907978	Chr5	560	2 905	64 034.38
*BvMAPK*7	*LOC*104889438	Chr1	372	2 507	42 653.47

名称	等电点	外显子数	T-LOOP 环	亚细胞位置
*BvMAPK*1	6.47	6	TEY	细胞质
*BvMAPK*2	6.71	11	TDY	细胞核
*BvMAPK*3	6.11	6	TEY	细胞质
*BvMAPK*4	5.51	6	TEY	细胞质
*BvMAPK*5	5.40	6	TEY	细胞质
*BvMAPK*6	8.85	10	TDY	细胞质
*BvMAPK*7	6.89	4	TEY	细胞质

6.3.1.3 甜菜 *MAPK* 基因家族系统进化分析

笔者将 7 个甜菜 *MAPK* 基因家族编码蛋白质的氨基酸序列与已知的 20 个

拟南芥 *MAPK* 基因家族编码蛋白质氨基酸序列构建系统进化树,并根据甜菜 *MAPK* 基因家族编码蛋白质的和拟南芥 *MAPK* 基因家族编码蛋白质的保守结构域进行分析,结果如图 6-2(a)所示。笔者进行了 *BvAMPK* 基因家族成员和 *At-MAPK* 基因家族成员的分组,分为 4 个亚族,结果如图 6-2(b)所示:第一亚族为含有 TDY 结构域的 *MAPK* 家族,甜菜 *MAPK* 基因家族成员有 *BvMAPK*2 和 *Bv-MAPK*6,拟南芥 *MAPK* 基因家族成员有 *AtMAPK*8、*AtMAPK*9、*AtMAPK*16、*At-MAPK*17 和 *AtMAPK*19;第二亚族为含有 TEY 结构域的 *MAPK* 家族,甜菜 *MAPK* 基因家族成员有 *BvMAPK*1、*BvMAPK*3、*BvMAPK*4、*BvMAPK*5 和 *BvMAPK*7,拟南芥 *MAPK* 基因家族成员有 *AtMAPK*2 和 *AtMAPK*6;第三亚族含有疑似 *MAPK* 家族结构域,拟南芥 *MAPK* 基因家族成员有 *AtMAPK*10、*AtMAPK*11、*AtMAPK*14;第四亚族不含有 T-LOOP 环,包含拟南芥 *MAPK* 基因家族成员 10 个。

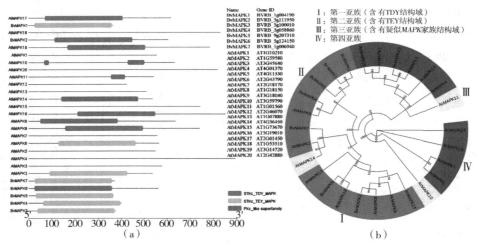

图 6-2　甜菜 *MAPK* 基因家族系统进化分析及编码蛋白质保守结构域

注:(a)甜菜 *MAPK* 和拟南芥 *MAPK* 基因家族编码蛋白质保守结构域;(b)甜菜 *MAPK* 和
拟南芥 *MAPK* 基因家族系统进化树。

6.3.1.4　甜菜 *MAPK* 基因家族保守基序和顺式作用元件分析

为了探索 *BvMAPK* 基因的结构多样性,笔者将 BvMAPK 蛋白序列提交给在线 MEME 程序,进行保守基序分析,经预测共得到 11 个保守性模体。经鉴定,模体 6 具备甜菜 MAPK 家族磷酸化唇 T-LOOP 环,模体 10 为 CD-domian(图 6-3)。

为了进一步研究这些假定的 *BvMAPK* 基因的潜在功能和转录调节,笔者使用 2 000 bp 的上游区域通过转录起始位点(ATG),并用 PlantCARE 进行分析,鉴定了顺式作用元件。如图 6-4 所示:假定的 *BvMAPK* 基因的假定启动子区有大量的 CAAT-box(顺式作用元件)和 AT~TATA-box(核心启动子元件),每个基因上都有 TCT-motif(光响应元件的一部分)和 Box 4(与光反应有关的保守 DNA 模块的一部分);*BvMAPK*1 上有 A-box(α-淀粉酶启动子保守序列)和 GCN4-motif(参与胚乳表达的顺式作用元件);*BvMAPK*4 上有 AACA-motif(参与胚乳特异性阴性表达)。

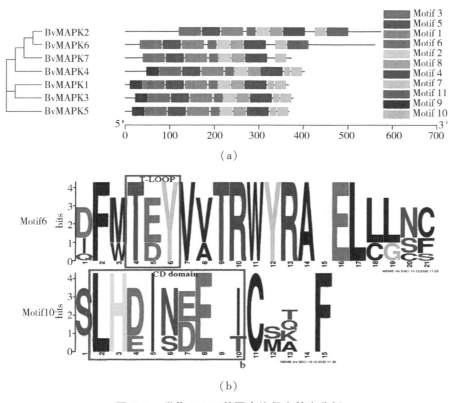

（a）

（b）

图 6-3　甜菜 *MAPK* 基因家族保守基序分析

注:(a)进化树和保守基序分析,(b)保守基序。

如图 6-4 所示:*BvMAPK*1 和 *BvMAPK*3 上有 TGA-element(生长素应答元件);*BvMAPK*2 和 *BvMAPK*6 上有 GCTCA-motif(茉莉酸响应元件);*BvMAPK*4、*BvMAPK*5、*BvMAPK*6 和 *BvMAPK*7 上有 TCA-element(水杨酸响应元件);*BvMAPK*2、*BvMAPK*3 和 *BvMAPK*4 上有 ABRE(脱落酸响应元件);*BvMAPK*2、*BvMAPK*3、*BvMAPK*4 和 *BvMAPK*5 上有 TATC-box 和 GARE-motif(赤霉素响应元件);*BvMAPK*5、*BvMAPK*6 和 *BvMAPK*7 上有 CAT-box;*BvMAPK*3 和 *BvMAPK*7 上有 LTR(低温响应元件)。这些元件表明 *BvMAPK* 基因的表达可能受温度及激素类信号物质的调控。

此外,ARE(厌氧诱导所必需的顺式作用元件)、G-box(参与光反应的顺式作用元件)O2-site(玉米醇溶蛋白代谢调控的顺式作用元件)、GT1-motif(光响应元件)、WUN-motif(伤口反应元件)等也在 *BvMAPK* 启动子区域被鉴定出来。顺式元件中存在的 *BvMAPK* 启动子区域表明它们可能参与甜菜的多种生物学过程。

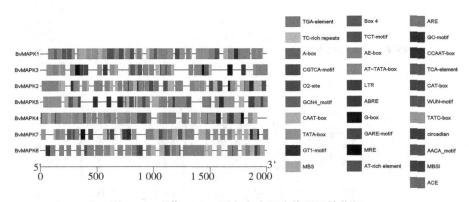

图 6-4   甜菜 MAPK 蛋白家族顺式作用元件分析

6.3.1.5   甜菜 *MAPK* 基因家族染色体定位与分布

如图 6-5 所示:7 个 *BvMAPK* 基因家族成员主要分布在甜菜 9 条染色体其中的 4 条染色体上,有 3 个基因分布在 5 号染色体上,为 *BvMAPK*2、*BvMAPK*3 和 *BvMAPK*6;*BvMAPK*1 和 *BvMAPK*7 分布在 1 号染色体上;*BvMAPK*4 分布在 3 号染色体上,*BvMAPK*5 分布在 9 号染色体上。

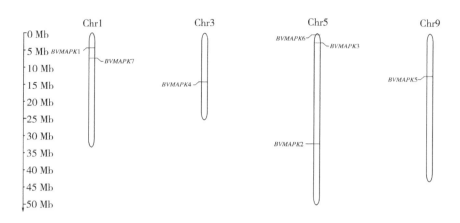

图 6-5　甜菜 *MAPK* 基因家族染色体定位与分析

6.3.1.6　甜菜 *MAPK* 基因家族内含子分布

每个 *BvMAPK* 基因的外显子-内含子结构的鉴定是通过比对相应的基因组DNA 序列来确定的。如图 6-6 所示：*MAPK* 基因家族成员均含有 2 段 UTR 序列；*BvMAPK*1（rna-XM_010671660.2）、*BvMAPK*3（rna-XM_010678121.2）、*Bv-MAPK*4（rna-XM_010674161.2）和 *BvMAPK*5（rna-XM_010691111.2）均含有 6 个外显子；外显子最多的为 *BvMAPK*2（rna-XM_010679816.2），有 11 个外显子；*BvMAPK*6（rna-XM_010697007.2）含有 10 个外显子；外显子最少的为 *BvMAPK*7（rna-XM_010674669.2），有 2 个外显子。

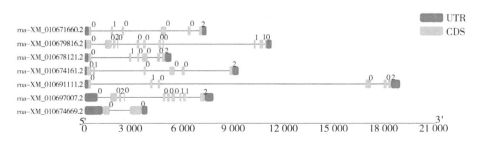

图 6-6　甜菜 *MAPK* 基因家族内含子分布

6.3.1.7　甜菜 MAPK 蛋白家族互作分析

如图 6-7 所示：BvMAPK2（XP_010678118.1）与 BvMAPK1（XP_010669962.1）和 BvMAPK5（XP_010689413.1）互作；BvMAPK4（XP_010672463.1）主要和 BvMAPK3（XP_010676423.1）、BvMAPK6（XP_010695308.1）、BvMAPK7（XP_010672965.1）3 个成员联系互作且为主导地位，同时与 SPEECHLESS（XP_010671516.1）、MAPKK3 isoform X1（XP_010675767.1）、MKS1（XP_010680256.1）、MAPKK5（XP_010687279.1）和 XP_010688278.1 有互作关系，参与典型 MAPK 级联系统的信号转导过程。

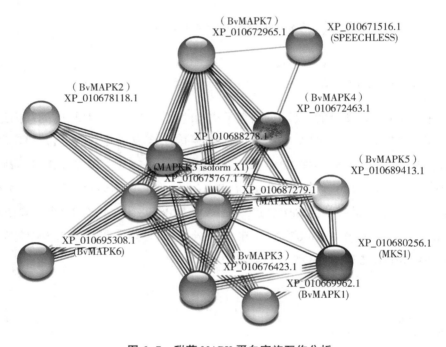

图 6-7　甜菜 MAPK 蛋白家族互作分析

6.3.1.8　甜菜 MAPK 蛋白家族 3D 结构

笔者采用同源建模的方法通过 Swiss-Model 数据库预测甜菜 MAPK 蛋白家族 7 个成员的 3D 结构,结果如图 6-8 所示。

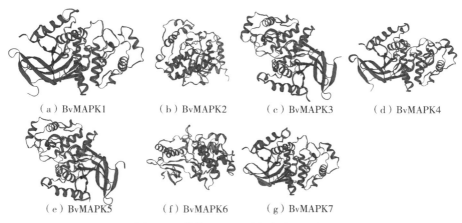

（a）BvMAPK1　　　（b）BvMAPK2　　　（c）BvMAPK3　　　（d）BvMAPK4

（e）BvMAPK5　　　　（f）BvMAPK6　　　　（g）BvMAPK7

图 6-8　甜菜 MAPK 蛋白家族 3D 结构

6.3.2　*BvMAPK*4 和 *BvMAPK*7 基因的克隆

6.3.2.1　甜菜幼苗 RNA 提取和目的基因 PCR 扩增

A_{260}/A_{280} 为 1.94。凝胶电泳 RNA 胶图显示 3 条带均清晰无弥散带,如图 6-9(a)所示。

笔者获得大小约 950 bp 的 *BvMAPK*4 和大小约 1.1 Kb 的 *BvMAPK*7 特异性条带,片段大小与预测结果相符,如图 6-9(b)所示。

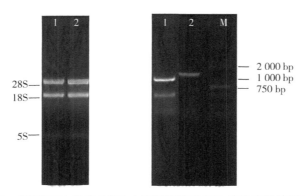

图 6-9　甜菜 RNA 电泳检测(a)及目的基因 PCR 产物电泳检测(b)

注:(a)1 和 2 均为甜菜 RNA;(b)M 为 DL2 000 PLUS,1 为 *BvMAPK*4 基因 PCR 产物,

2 为 *BvMAPK*7 基因 PCR 产物。

6.3.2.2　目的基因克隆与鉴定

目的基因菌液 PCR 电泳检测如图 6-10 所示。笔者选取长度略大于目的基因片段大小的条带,将合格菌液进行测序鉴定。

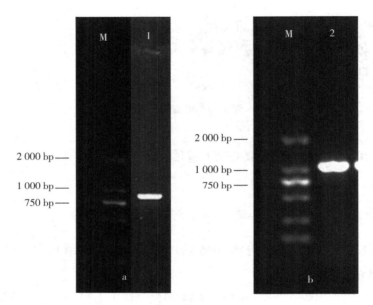

图 6-10　目的基因菌液 PCR 电泳检测

注:M 为 DL2 000 PLUS;(a)1 为 *BvMAPK*4 基因菌液 PCR 鉴定;
(b)2 为 *BvMAPK*7 基因菌液 PCR 鉴定。

6.3.3　*BvMAPK*4 和 *BvMAPK*7 在信号物质诱导下的表达模式分析

激素在植物生长发育和繁殖过程中起关键作用。激素网络整合了外部和内部的线索,从而维持体内平衡,在空间和时间水平上协调免疫反应。为了研究甜菜 *MAPK* 基因是否受激素信号的诱导调控,笔者对甜菜易感病品种 KWS9147 幼苗植株真叶分别进行外源喷施信号物质水杨酸和茉莉酸甲酯,对照组为相同生长环境下正常生长的植株。

6.3.3.1 水杨酸诱导处理下的基因相对表达量

如图 6-11 所示: *BvMAPK*4 基因相对表达量在处理 4 h 时最大,在处理 0 h 时最小; *BvMAPK*7 基因相对表达量在处理 24 h 最大。综上所述, *BvMAPK*4 在处理 4 h 时受到强烈诱导表达, *BvMAPK*7 在处理 24 h 时受到强烈诱导表达, *BvMAPK*4 和 *BvMAPK*7 可能参与了其诱导的防御反应, *BvMAPK*4 基因可能起到正调控作用。

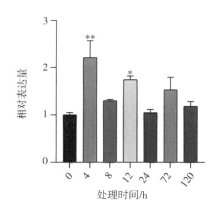

(a) *BvMAPK*4

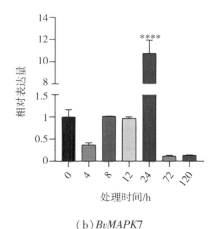

(b) *BvMAPK*7

图 6-11 水杨酸诱导处理下 *BvMAPK*4 和 *BvMAPK*7 基因相对表达量

注:处理时间 0 h 为对照组; * 表示 $p < 0.1$, ** 表示 $p < 0.05$, **** 表示 $p < 0.0001$。

6.3.3.2　茉莉酸甲酯诱导处理下的基因相对表达量

如图 6-12 所示：*BvMAPK4* 基因相对表达量在处理 24 h 时最大，在处理 120 h 时最小；*BvMAPK7* 基因相对表达量在处理 8 h 时最大。综上所述，*BvMAPK4* 和 *BvMAPK7* 在叶中均受茉莉酸甲酯诱导表达，*BvMAPK7* 积极参与响应茉莉酸甲酯信号物质诱导的防御反应并具有重要作用。

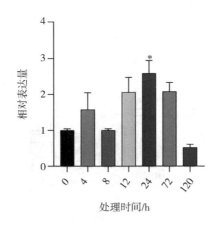

（a）*BvMAPK4*

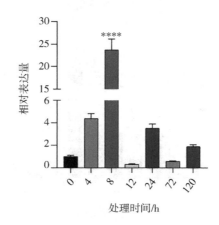

（b）*BvMAPK7*

图 6-12　茉莉酸甲酯诱导处理下 *BvMAPK4* 和 *BvMAPK7* 基因相对表达量

注：处理时间 0 h 为对照组；$*p$ 表示 <0.1，$****$ 表示 $p<0.000\ 1$。

6.3.3.3 甜菜尾孢菌侵染后的表达模式分析

如图 6-13 所示:*BvMAPK*4 基因相对表达量在处理 5 d 时最大,在处理 3 d 时最小;*BvMAPK*7 基因相对表达量在处理 5 d 时最大,在处理 2 d 时最小。*Bv-MAPK*4 基因和 *BvMAPK*7 基因均在处理 5 d 时基因相对表达量达到最高,且 2 个基因表达量总体趋势均为上调,综上可初步推论 *BvMAPK*4 基因和 *BvMAPK*7 基因在甜菜尾孢菌侵染下的生物胁迫防御反应中可能起到正调控的作用。

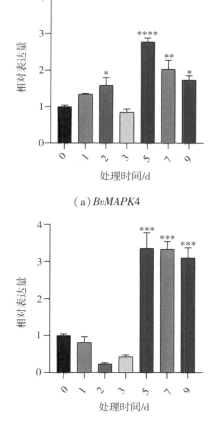

(a)*BvMAPK*4

(b)*BvMAPK*7

图 6-13 甜菜尾孢菌侵染后 *BvMAPK*4 和 *BvMAPK*7 基因相对表达量

注:处理时间 0 d 为对照组;* p 表示$<$0.1,** 表示 $p<$0.05,

*** 表示 $p<$0.001,**** 表示 $p<$0.000 1。

6.4 讨论与结论

6.4.1 讨论

6.4.1.1 甜菜 *MAPK* 基因家族的鉴定分析

在植物生长发育的过程中,MAPK 级联将细胞外刺激物传递到细胞核,并控制数百个基因的表达。MAPK 主要通过诱导基因表达的改变来控制细胞的主要命运决定,如增殖、分化和凋亡。作为蛋白激酶超家族的成员,MAPK 通过催化靶蛋白的磷酸化,导致构象变化,从而改变活性、稳定性、细胞定位。

MAPK 基因家族的特征和功能已在多种植物中得到鉴定和研究,包括拟南芥、水稻、番茄、苹果、玉米、野草莓等。本研究表明,甜菜 *MAPK* 基因家族成员数量少于拟南芥、水稻、葡萄、桑树、西瓜、棉花、面包小麦等 *MAPK* 基因家族成员数量。

笔者将甜菜 *MAPK* 基因家族与拟南芥 *MAPK* 基因家族构建系统进化树,分为 4 个亚组。第一亚族为含有 TDY 结构域的 *MAPK* 家族,甜菜 *MAPK* 基因家族成员有 *BvMAPK*2 和 *BvMAPK*6。第二亚族为含有 TEY 结构域的 *MAPK* 家族,甜菜 *MAPK* 基因家族成员有 *BvMAPK*1、*BvMAPK*3、*BvMAPK*4、*BvMAPK*5、*BvMAPK*7。研究表明,来自拟南芥、苹果、番茄、葡萄和草莓的含有 TEY 基序的 *MAPK* 基因家族成员多于含有 TDY 基序的 *MAPK* 基因家族成员。相比之下,水稻和玉米含有 TDY 基序的 *MAPK* 多于含有 TEY 基序的 *MAPK*;推测在真双子叶植物中,含有 TEY 基序的 *MAPK* 可能比含有 TDY 基序的 *MAPK* 发挥更关键的作用。

*BvMAPK*2 编码蛋白质氨基酸数为 604,*BvMAPK*6 编码蛋白质氨基酸数为 560,相差不大;*BvMAPK*1、*BvMAPK*3、*BvMAPK*4、*BvMAPK*5、*BvMAPK*7 编码蛋白质氨基酸数为 366~402,同样相差不大,推测这可能与蛋白质结构域活化环的不同相关。本研究表明,MAPK 蛋白家族有 11 个保守性模体,模体 6 具备甜菜 MAPK 家族磷酸化唇 T-LOOP 环,模体 10 为 CD-domain。T-LOOP 环是 MAPK 家族中特有的活化环,通过激活环中的 TDY 或 TEY 磷酸化基序激活下游

MAPK;活化的 MAPK 最终磷酸化各种下游底物(包括转录因子和其他调节下游基因表达的信号成分),保守基序和蛋白的结构域组织与系统发育亚类的一致性进一步支持了 *BvMAPK* 之间的密切进化关系。

本研究表明,*BvMAPK* 基因可能受温度及激素类信号物质的调控,*BvMAPK*4 与拟南芥 *AtMAPK*6 同源性为 99%;前人研究表明,*AtMAPK*6 受到盐胁迫、渗透胁迫、高温胁迫、冷胁迫等影响,推测 *BvMAPK*4 可能受到相同因素胁迫的影响。本研究表明,*BvMAPK*7 与 *AtMAPK*2 同源性为 100%;前人研究表明,*AtMAPK*2 参与非生物胁迫创伤反应的 MAPK 途径;推测 *BvMAPK*7 可能参与创伤反应的 MAPK 途径中。

本研究表明:BvMAPK2(XP_010678118.1)与 BvMAPK1(XP_010669962.1)和 BvMAPK5(XP_010689413.1)互作;BvMAPK4(XP_010672463.1)主要和 Bv-MAPK3(XP_010676423.1)、BvMAPK6(XP_010695308.1)、BvMAPK7(XP_010672965.1)3 个成员联系互作且为主导地位,同时与 SPEECHLESS(XP_010671516.1)、MAPKK3 isoform X1(XP_010675767.1)、MKS1(XP_010680256.1)、MAPKK5(XP_010687279.1)和 XP_010688278.1 有互作关系,参与典型 MAPK 级联系统的信号转导过程。以上结果说明,BvMAPK4 比较重要。

笔者从甜菜尾孢菌侵染下的甜菜易感材料转录组数据中筛选出甜菜 7 个 *MAPK* 基因家族成员,根据分析结果结合预测的顺式作用元件为后续信号物质诱导及甜菜尾孢菌侵染下的甜菜 *MAPK* 基因家族成员表达分析,筛选出基因 *BvMAPK*4 和 *BvMAPK*7 并进行 qPCR 分析。

6.4.1.2 *BvMAPK*4、*BvMAPK*7 在植物抗逆防御反应中的作用

植物参与调节生物和非生物胁迫(包括热、冷、干旱、盐胁迫、病原体感染等),还参与相关激素信号(如 ABA、水杨酸、茉莉酸、乙烯等)的产生。研究表明:枣树经过植原体感染下的生物胁迫后,*ZjMPK*4 表达量显著降低;黄瓜经过冷处理、热处理及干旱处理后,*CsMPK*7 表达均上调;玉米 *ZmMPK*7 受 ABA 诱导;甘蓝型油菜中 *MAPK*7 基因家族均受到 ABA、茉莉酸甲酯和水杨酸诱导响应表达,表达趋势均为总体上调且具有正调控的作用;西瓜中 *ClMPK*4-2 与 *ClMPK*7 基因在对干旱胁迫的响应中占主导地位,在高温和低温的环境胁迫下及枯萎菌侵染的生物胁迫下 *ClMPK*7 表达差异也极显著。

拟南芥 *AtMAPK*3 和 *AtMAPK*6 参与各种非生物应激反应和激素信号通路。甜菜 *BvMAPK*4 与拟南芥 *AtMAPK*6 同源性高达 99%，同属于一个亚族；*BvMAPK*4 基因同拟南芥 *AtMPK*6 基因一样参与到各种非生物及生物胁迫反应中和激素信号物质通路中，参与细胞的免疫防御反应；*BvMAPK*4、*BvMAPK*7 均受到激素信号水杨酸和茉莉酸甲酯的诱导表达。*BvMAPK*7 基因与拟南芥 *AtMAPK*2 基因具有同源性，同属于第二亚族，能够被激素信号物质诱导表达。研究表明：桑树 *Mn-MAPK*6 同样与拟南芥 *AtMAPK*2 基因高度同源；*MnMAPK*6 不仅可以被激素诱导，还可以被机械损伤、高盐等诱导激活表达。*BvMAPK*4 与 *BvMAPK*7 基因也受生物胁迫的诱导，在甜菜尾孢菌侵染下均呈现正调控的作用；本研究表明，*Bv-MAPK*7 基因相对表达量在处理 5 d 时达到最高，进一步证实了甜菜 *BvMAPK*4、*BvMAPK*7 基因参与多种胁迫下信号通路的转导调控。

6.4.2　结论

笔者筛选出 7 个甜菜 *MAPK* 基因家族成员，根据其编码蛋白质理化性质可知，*BvMAPK*2 和 *BvMAPK*6 的 T-LOOP 环为 TDY，其他基因的 T-LOOP 环为 TEY。7 个 B*vMAPK* 基因不均匀地分布在 4 条染色体上，其编码的蛋白质包含 366~604 个氨基酸，分子量为 42 144.29~68 964.33 Da，等电点为 5.40~8.85，外显子数量 4~11 个。*BvMAPK*2 主要位于细胞核上，其他基因位于细胞质上。

笔者分析了 *BvMAPK*4 和 *BvMAPK*7 在非生物胁迫（信号物质诱导处理）和生物胁迫（甜菜尾孢菌侵染）下的表达模式。水杨酸诱导处理下，*BvMAPK*4 相对表达量在处理 4 h 时最大，在处理 0 h 时最小；*BvMAPK*7 相对表达量在处理 24 h 时最大。茉莉酸甲酯诱导处理下，*BvMAPK*4 相对表达量在处理 24 h 时最大，在处理 120 h 时最小；*BvMAPK*7 相对表达量在处理 8 h 时最大。甜菜尾孢菌侵染后，*BvMAPK*4 相对表达量在处理 5 d 时最大，在处理 3 d 时最小；*BvMAPK*7 相对表达量在处理 5 d 时最大。

参考文献

[1] KRYSAN P J, COLCOMBET J. Cellular complexity in MAPK signaling in

plants: questions and emerging tools to answer them[J]. Frontiers Plant Science,2018,9:1674.

[2]CUI F H,SUN W X,KONG X P. RLCKs bridge plant immune receptors and MAPK cascades[J]. Trends in Plant Science,2018,23(12):1039-1041.

[3]COUTO D,ZIPFEL C. Regulation of pattern recognition receptor signalling in plants[J]. Nature Reviews Immunology,2016,16:537-552.

[4]ZHANG M M,SU J B,ZHANG Y,et al. Conveying endogenous and exogenous signals:MAPK cascades in plant growth and defense[J]. Current Opinion in Plant Biology,2018,45:1-10.

[5]WIDMANN C,GIBSON S,JARPE M B,et al. Mitogen-activated protein kinase: conservation of a three-kinase module from yeast to human[J]. Physiological Reviews,1999,79(1):143-180.

[6]KATO Y,FUJII S. An MAPK pathway in papilla cells for successful pollination in *Arabidopsis*[J]. Molecular Plant,2020,13:1539-1541.

[7]WANG G,WANG T,JIA Z H,et al. Genome-wide bioinformatics analysis of MAPK gene family in kiwifruit(*Actinidia Chinensis*)[J]. International Journal of Molecular Sciences,2018,19(9):2510.

[8]ICHIMURA K,SHINOZAKI K,TENA. G,et al. Mitogen-activated protein kinase cascades in plants:a new nomenclature[J]. Trends in Plant Science, 2002,7(7):301-308.

[9]MOHANTA T K,ARORA P K,MOHANTA N,et al. Identification of new members of the MAPK gene family in plants shows diverse conserved domains and novel activation loop variants[J]. BMC Genomics,2015,16:58.

[10]KYRIAKIS J M,AVRUCH J. Mammalian MAPK signal transduction pathways activated by stress and inflammation:a 10-year update[J]. Physiological Reviews,2012,92(2):689-737.

[11]TAJ G,AGARWAL P,GRANT M,et al. MAPK machinery in plants recognition and response to different stresses through multiple signal transduction pathways [J]. Plant Signaling & Behavior,2010,5(11):1370-1378.

[12]ASAI T,TENA G,PLOTNIKOVA J,et al. MAP kinase signalling cascade in *Ar*-

abidopsis innate immunity[J]. Nature,2002,415:977-983.

[13]GENOT B,LANG J,BERRIRI S,et al. Constitutively active *Arabidopsis* MAP kinase 3 triggers defense responses involving salicylic acid and SUMM2 resistance protein[J]. Plant Physiology,2017,174(2):1238-1249.

[14]JIANG M,WEN F,CAO J M,et al. Genome-wide exploration of the molecular evolution and regulatory network of mitogen-activated protein kinase cascades upon multiple stresses in *Brachypodium distachyon*[J]. BMC Genomics,2015,16:228.

[15]CAKIR B,KILICKAYA O. Mitogen-activated protein kinase cascades in *Vitis vinifera*[J]. Frontiers Plant Science,2015,6:556.

[16]KUMAR K,SINHA A K. Overexpression of constitutively active mitogen activated protein kinase kinase 6 enhances tolerance to salt stress in rice[J]. Rice,2013,6:25.

[17]WANG G,LOVATO A,LIANG Y H,et al. Validation by isolation and expression analyses of the mitogen-activated protein kinase gene family in the grapevine(*Vitis vinifera* L.)[J]. Australian Journal of Grape and Wine Research,2014,20(2):255-262.

[18]YUE H Y,LI Z,XING D. Roles of *Arabidopsis* bax inhibitor-1 in delaying methyl jasmonate-induced leaf senescence[J]. Plant Signaling & Behavior,2012,7(11):1488-1489.

[19]ZHAO F Y,HU F,ZHANG S Y,et al. MAPKs regulate root growth by influencing auxin signaling and cell cycle-related gene expression in cadmium-stressed rice[J]. Environmental Science and Pollution Research,2013,20(8):5449-5460.

[20]TOHGE T,FERNIE A R. Combining genetic diversity,informatics and metabolomics to facilitate annotation of plant gene function[J]. Nature Protocols,2010,5:1210-1227.

[21]BADMI R,SHEIKH A H,BHAGAT P K,et al. Possible role of plant MAP kinases in the biogenesis and transcription regulation of rice microRNA pathway factors[J]. Plant Physiology and Biochemistry,2018,129:238-243.

[22] FANGER G R, GERWINS P, WIDMANN C, et al. MEKKs, GCKs, MLKs, PAKs, TAKs, and Tpls: upstream regulators of the c-Jun amino-terminal kinases? [J]. Current Opinion in Genetics & Development, 1997, 7(1): 67-74.

[23] GARTNER A, NASMYTH K, AMMERER G. Signal transduction in *Saccharomyces cerevisiae* requires tyrosine and threonine phosphorylation of FUS3 and KSS1[J]. GENES & DEVELOPMENT, 1992, 6: 1280-1292.

[24] LIU Q P, XUE Q Z. Computational identification and phylogenetic analysis of the MAPK gene family in *Oryza sativa*[J]. Plant Physiology and Biochemistry, 2007, 45(1): 6-14.

[25] WEI C J, LIU X Q, LONG D P, et al. Molecular cloning and expression analysis of mulberry MAPK gene family[J]. Plant Physiology and Biochemistry, 2014, 77: 108-116.

[26] SONG Q M, LI D Y, DAI Y, et al. Characterization, expression patterns and functional analysis of the MAPK and MAPKK genes in watermelon (*Citrullus lanatus*)[J]. BMC Plant Biology, 2015, 15: 298.

[27] ZHANG X Y, XU X Y, YU Y J, et al. Integration analysis of MKK and MAPK family members highlights potential MAPK signaling modules in cotton[J]. Scientific Reports, 2016, 6: 29781.

[28] ZHAN H S, YUE H, ZHAO X, et al. Genome-wide identification and analysis of MAPK and MAPKK gene families in bread wheat (*Triticum aestivum* L.) [J]. Genes, 2017, 8(10): 284.

[29] LIU Z G, ZHANG L M, XUE C L, et al. Genome-wide identification and analysis of MAPK and MAPKK gene family in Chinese jujube (*Ziziphus jujuba* Mill.) [J]. BMC Genomics, 2017, 18: 855.

[30] WANG H B, GONG M, GUO J Y, et al. Genome-wide identification of *Jatropha curcas MAPK, MAPKK*, and *MAPKKK* gene families and their expression profile under cold stress[J]. Scientific Reports, 2018, 8: 16163.

[31] XIONG L M, SCHUMAKER K S, ZHU J K. Cell signaling during cold, drought, and salt stress[J]. The Plant Cell, 2002, 14: S165-S183.

[32] BI G Z, ZHOU Z Y, WANG W B, et al. Receptor-like cytoplasmic kinases di-

rectly link diverse pattern recognition receptors to the activation of mitogen−activated protein kinase cascades in *Arabidopsis*[J]. The Plant Cell, 2018, 30 (7):1543−1561.

[33] HUANG Y F, LI H, GUPTA R, et al. ATMPK4, an *Arabidopsis* homolog of mitogen−activated protein kinase, is activated in vitro by AtMEK1 through threonine phosphorylation[J]. Plant Physiology, 2000, 122(4):1301−1310.

[34] MATSUOKA D, NANMORI T, SATO K. et al. Activation of AtMEK1, an *Arabidopsis* mitogen−activated protein kinase kinase, in vitro and in vivo: analysis of active mutants expressed in E. coli and generation of the active form in stress response in seedlings[J]. The Plant Journal 2002, 29(5):637−647.

[35] MIZOGUCHI T, ICHIMURA K, IRIE K, et al. Identification of a possible MAP kinase cascade in *Arabidopsis thaliana* based on pairwise yeast two − hybrid analysis and functional complementation tests of yeast mutants[J]. FEBS Letters, 1998, 437(1−2):56−60.

[36] YAN H J, ZHAO Y F, SHI H, et al. BRASSINOSTEROID − SIGNALING KINASE1 phosphorylates MAPKKK5 to regulate immunity in *Arabidopsis*[J]. Plant Physiology, 2018, 176(4):2991−3002.

[37] YAMADA K, YAMAGUCHI K, SHIRAKAWA T, et al. The *Arabidopsis* CERK1−associated kinase PBL27 connects chitin perception to MAPK activation[J]. The EMBO Journal, 2016, 35(22):2468−2483.

[38] SUN T J, NITTA Y, ZHANG Q, et al. Antagonistic interactions between two MAP kinase cascades in plant development and immune signaling[J]. EMBO Reports, 2018, 19(7):e45324.

[39] YAMADA K, YAMAGUCHI K, YOSHIMURA S, et al. Conservation of chitin−induced MAPK signaling pathways in rice and *Arabidopsis*[J]. Plant & Cell Physiology, 2017, 58(6):993−1002.

[40] WANG C, WANG G, ZHANG C, et al. OsCERK1−mediated chitin perception and immune signaling requires receptor−like cytoplasmic kinase 185 to activate an MAPK cascade in rice[J]. Molecular Plant, 2017, 10:619−633.

[41] TAKAHASHI F, YOSHIDA R, ICHIMURA K, et al. The mitogen−activated pro-

tein kinase cascade MKK3-MPK6 is an important part of the jasmonate signal transduction pathway in *Arabidopsis*[J]. The Plant Cell, 2007, 19(3): 805-818.

[42] O' LEARY N A, WRIGHT M W, BRISTER J R, et al. Reference sequence (RefSeq) database at NCBI: current status, taxonomic expansion, and functional annotation[J]. Nucleic Acids Research, 2016, 44(D1): D733-D745.

[43] NAKAI K, HORTON P, NAKAI K, et al. PSORT: a program for detecting sorting signals in proteins and predicting their subcellular localization[J]. Trends in Biochemical Sciences, 1999, 24(1): 34-35.

[44] XIANG X H, WU X R, CHAO J T, et al. Genome-wide identification and expression analysis of the WRKY gene family in common tobacco(*Nicotiana tabacum* L.)[J]. Yi Chuan, 2016, 38(9): 840-856.

[45] MARCHLER-BAUER A, BRYANT S H. CD-Search: protein domain annotations on the fly[J]. Nucleic Acids Research, 2004, 32: W327-W331.

[46] SIEVERS F, HIGGINS D G. Clustal omega for making accurate alignments of many protein sequences[J]. Protein Science, 2018, 27(1): 135-145.

[47] TRIFINOPOULOS J, NGUYEN L T, VON HAESELER A, et al. W-IQ-TREE: a fast online phylogenetic tool for maximum likelihood analysis[J]. Nucleic Acids Research, 2016, 44(W1): W232-W235.

[48] HE Z L, ZHANG H K, GAO S H, et al. Evolview v2: an online visualization and management tool for customized and annotated phylogenetic trees[J]. Nucleic Acids Research, 2016, 44(W1): W236-W241.

[49] BAILEY T L, BODEN M, BUSKE F A, et al. MEME SUITE: tools for motif discovery and searching[J]. Nucleic Acids Research, 2009, 37: W202-W208.

[50] WATERHOUSE A, BERTONI M, BIENERT S, et al. SWISS-MODEL: homology modelling of protein structures and complexes[J]. Nucleic Acids Research, 2018, 46(W1): W296-W303.

[51] GOYAL R K, TULPAN D, CHOMISTEK N, et al. Analysis of MAPK and MAPKK gene families in wheat and related Triticeae species[J]. BMC Genomics, 2018, 19(1): 178.

[52]RODRIGUEZ M C S,PETERSEN M,MUNDY J. Mitogen-activated protein kinase signaling in plants[J]. Annual Review of Plant Biology,2010,61: 621-649.

[53]HAMEL L P,NICOLE M C,SRITUBTIM S,et al. Ancient signals:comparative genomics of plant MAPK and MAPKK gene families[J]. Trends in Plant Science,2006,11(4):192-198.

[54]SINGH R,LEE M O,LEE J E,et al. Rice mitogen-activated protein kinase interactome analysis using the yeast two-hybrid system[J]. Plant Physiology, 2012,160(1):477-487.

[55]JOO S,LIU Y D,LUETH A,et al. MAPK phosphorylation-induced stabilization of ACS6 protein is mediated by the non-catalytic C-terminal domain,which also contains the cis-determinant for rapid degradation by the 26S proteasome pathway[J]. The Plant Journal,2008,54(1):129-140.

[56]MAO G H,MENG X Z,LIU Y D,et al. Phosphorylation of a WRKY transcription factor by two pathogen-responsive mapks drives phytoalexin biosynthesis in *Arabidopsis*[J]. The Plant Cell,2011,23(4):1639-1653.

[57]ROHILA J S,YANG Y N. Rice mitogen-activated protein kinase gene family and its role in biotic and abiotic stress response[J]. Journal of Integrative Plant Biology,2007,49(6):751-759.

[58]KONG F L,WANG J,CHENG L,et al. Genome-wide analysis of the mitogen-activated protein kinase gene family in *Solanum lycopersicum*[J]. Gene,2012, 499(1):108-120.

[59]ZHANG S Z,XU R R,LUO X C,et al. Genome-wide identification and expression analysis of MAPK and MAPKK gene family in *Malus domestica*[J]. Gene, 2013,531(2):377-387.

[60]DANGUAH A,DE ZELICOURT A,COLCOMBET J,et al. The role of ABA and MAPK signaling pathways in plant abiotic stress responses[J]. Biotechnology Advances,2014,32(1):40-52.

[61]PITZSCHKE A,SCHIKORA A,HIRT H. MAPK cascade signalling networks in plant defence[J]. Current Opinion in Plant Biology,2009,12(4):421-426.

[62] LEE S K, KIM B G, KWON T R, et al. Overexpression of the mitogen−activated protein kinase gene OsMAPK33 enhances sensitivity to salt stress in rice(*Oryza sativa* L.)[J]. Journal of Biosocial Science, 2011, 36(1): 139−151.

[63] SINHA A K, JAGGI M, RAGHURAM B, et al. Mitogen−activated protein kinase signaling in plants under abiotic stress[J]. Plant Signaling & Behavior, 2011, 6 (2): 196−203.

[64] NAKAGAMI H, PITZSCHKE A, HIRT H. Emerging MAP kinase pathways in plant stress signalling[J]. Trends in Plant Science, 2005, 10(7): 339−346.

[65] TENA G, ASAI T, CHIU W L, et al. Plant mitogen−activated protein kinase signaling cascades[J]. Current Opinion in Plant Biology, 2001, 4(5): 392−400.

[66] MENG X Z, ZHANG S Q. MAPK cascades in plant disease resistance signaling [J]. Annual Review of Phytopathology, 2013, 51: 245−266.

[67] WANG J, PAN C T, WANG Y, et al. Genome−wide identification of MAPK, MAPKK, and MAPKKK gene families and transcriptional profiling analysis during development and stress response in cucumber[J]. BMC Genomics, 2015, 16: 386.

[68] ZONG X J, LI D P, GU L K, et al. Abscisic acid and hydrogen peroxide induce a novel maize group C MAP kinase gene, ZmMPK7, which is responsible for the removal of reactive oxygen species [J]. Planta, 2009, 229(3): 485−495.

[69] LIANG W W, YANG B, YU B J, et al. Identification and analysis of MKK and MPK gene families in canola(*Brassica napus* L.)[J]. BMC Genomics, 2013, 14: 392.

[70] BERRIRI S, GARCIA A V, FREY N F D, et al. Constitutively active mitogen− activated protein kinase versions reveal functions of *Arabidopsis* MPK4 in pathogen defense signaling[J]. The Plant Cell, 2012, 24(10): 4281−4293.

[71] GAO M H, LIU J M, BI D L, et al. MEKK1, MKK1/MKK2 and MPK4 function together in a mitogen−activated protein kinase cascade to regulate innate immunity in plants[J]. Cell Research, 2018, 18: 1190−1198.

[72] ANDREASSON E, JENKINS T, BRODERSEN P, et al. The MAP kinase substrate MKS1 is a regulator of plant defense responses[J]. The EMBO Journal,

2005,24(14):2579-2589.

[73]TEIGE M,SCHEIKL E,EULGEM T,et al. The MKK2 pathway mediates cold and salt stress signaling in *Arabidopsis*[J]. Molecular Cell,2004,15(1):141-152.

[74]XING Y,JIA W S,ZHANG J H. AtMKK1 mediates ABA-induced CAT1 expression and H_2O_2 production via AtMPK6-coupled signaling in *Arabidopsis*[J]. The Plant Journal,2008,54(3):440-451.

[75]YOO S D,CHO Y H,TENA G,et al. Dual control of nuclear EIN3 by bifurcate MAPK cascades in C_2H_4 signalling[J]. Nature,2008,451:789-795.

[76]ZHOU C J,CAI Z H,GUO Y F,et al. An arabidopsis mitogen-activated protein kinase cascade,MKK9-MPK6,plays a role in leaf senescence[J]. Plant Physiology,2009,150(1):167-177.

[77]魏从进. 桑树 MAPK 基因家族信息分析与功能研究[D]. 重庆:西南大学,2014.

[78]姜生秀,李德禄. 植物丝裂原活化蛋白激酶级联信号转导通路研究进展[J]. 西北植物学报,2016,36(6):1278-1284.

[79]武媛,何洁,臧栋楠,等. 酵母双杂交系统筛选番茄 SlMPK1 互作蛋白[J]. 扬州大学学报,2019,40(6):24-29.

[80]王利美,林丹,翟晓巧. 植物 MAPK 信号转导通路研究进展[J]. 河南林业科技,2019,39(3):17-20.

[81]赵艳. 哺乳动物细胞中 MAPK 信号转导途径的研究进展[J]. 国外医学卫生学分册,2004,31(1):16-21.

[82]李昕倡. PM2.5 对血管平滑肌细胞增殖和迁移的影响及白藜芦醇干预研究[D]. 广州:广州中医药大学,2020.

[83]陈宏新. 哺乳动物的促分裂原活化蛋白激酶信号途径[J]. 上海第二医科大学学报,2004,24(3):221-224.

[84]牟金叶,陈晓光. 促分裂原激活的蛋白激酶(MAPK)信号传导通路的研究进展[J]. 生命科学,2002,14(4):208-211.

[85]李婷婷. 脊髓 MAPK 参与大鼠转移性骨癌痛的机制[D]. 上海:复旦大学,2010.

[86]代宇佳,罗晓峰,周文冠,等.生物和非生物逆境胁迫下的植物系统信号[J].植物学报,2019,54(2):255-264.

[87]蔡高磊,王晓杰,刘丹,等.条锈菌诱导的小麦 *TaOZR* 的克隆及特征分析[J].中国农业科学,2010,43(12):2403-2409.

[88]赵琳琳,徐启江,姜勇,等.生物和非生物胁迫下的植物细胞中丝裂原活化蛋白激酶(MAPK)信号转导[J].植物生理学通讯,2008,44(1):169-174.

[89]张巧,王锦阳,董昳伶,等.脱落酸信号转导途径在植物应对非生物胁迫响应中的作用[J].生命的化学,2021,41(6):1160-1170.

[90]席海秀.小麦 *TaNCED*3 基因克隆及功能分析[D].沈阳:辽宁师范大学,2015.

[91]闫晓寒.NPR1 与 TGA2 的互作及 NPR1 截短体蛋白结晶研究[D].天津:天津大学,2020.

[92]王媛.外源水杨酸(SA)诱导拟南芥抗灰霉病机制的研究[D].昆明:云南师范大学,2007.

[93]宋翔宇.椭圆灰葡萄孢(*Botrytis cinerea*)胁迫下亚洲百合的生理响应及调节基因 MAPK 的克隆[D].沈阳:沈阳农业大学,2016.

[94]李晓翠,康凯程,黄先忠,等.小拟南芥 MKK 基因家族全基因组鉴定及进化和表达分析[J].遗传,2020,42(4):403-421.

[95]郑贺云,李超,姚军,等.外源信号分子诱导处理对甜瓜抗病 *MAPK* 基因表达的影响[J].中国瓜菜,2020,33(3):6-11.

[96]龚小卫,姜勇.丝裂原活化蛋白激酶(MAPK)生物学功能的结构基础[J].中国生物化学与分子生物学报,2003,19(1):5-11.

[97]单鸿轩,付畅.逆境胁迫下植物 MAPK 级联反应途径研究新进展[J].核农学报,2017,31(4):680-688.

[98]李晓翠.新疆小拟南芥 MAPK 和 MKK 基因家族的鉴定及表达特征分析[D].石河子:石河子大学,2020.

[99]王明阳,刘新春,陈虎臣,等.茶树脂氧合酶 *CsLOX*3 基因启动子的克隆及其顺式作用元件的分析[J].分子植物育种,2018,16(23):7644-7649.

[100]高清松,孙辉,陈国冲,等.玉米 β-甘露聚糖酶基因家族的生物信息学分析[J].安徽农业科学,2018,46(16):93-96,128.

[101]王海波,郭俊云,唐利洲.小桐子 *MAPKKKK* 基因家族的全基因组鉴定及表达分析[J].植物生理学报,2019,55(3):367-377.

[102]未魏.野生草莓 *WRKY* 和 *MAPK* 基因家族鉴定、表达及 *FvWRKY*42 基因功能研究[D].杨凌:西北农林科技大学,2017.

[103]宋秋明.西瓜 MAPK 和 MAPKK 家族基因的鉴定、表达模式和功能分析[D].杭州:浙江大学,2015.

[104]李华阳.烟草在外施脱落酸和盐胁迫下的转录调控研究[D].泰安:山东农业大学,2019.

[105]张兴坦.烟草 *MAPK* 基因的功能研究[D].重庆:重庆大学,2015.

7　甜菜褐斑病抗性相关 *Mlo* 基因克隆与表达分析

7.1　研究背景

　　Mlo 基因是广谱抗病基因;不同于抗病基因,*Mlo* 基因对白粉病的抗性来源于突变体隐性等位基因 *mlo*,这种突变型可增强植物细胞壁的牢固性并加速叶片的衰老。研究表明,*Mlo* 基因在高等植物中通常以中小型基因家族的形式存在。对于真菌病害,*Mlo* 基因主要通过阻止真菌孢子进入植物细胞壁导致真菌无法在寄主细胞中发育。突变体 mlo 植株具有一定的局限性,会在叶表皮的短细胞中自发形成含胼胝质乳突或者出现叶肉细胞自发性死亡的现象。研究表明,大麦 mlo 等位基因对半营养型真菌有着较强的敏感性,这可能导致 mlo 植物细胞失调并死亡,将可能间接导致植物产量的减少。除白粉病抗性外,*Mlo* 基因还参与了植物的生理反应;在拟南芥中,*Mlo* 基因参与植株的繁殖过程以及根的生长过程;调控花粉管与胚囊互作的 *AtMlo*7 基因突变会导致拟南芥繁殖能力下降,缺少 *AtMlo*4 和 *AtMlo*11 的拟南芥会导致根部形状异常。*Mlo* 基因是单子叶和双子叶植物中高度保守的基因家族,这种共同存在的免疫机制预示有些植物物种可能天然存在 mlo 突变体,*Mlo* 基因在植物抗病育种中存在着较大的潜能。

7.1.1　高等植物 *Mlo* 基因结构的研究概述

　　在高等植物中,*Mlo* 基因存在着 4~8 个跨膜结构域,大部分植物含有 7 个跨膜结构域,低等植物中跨膜结构域少于 5 个。不同植物的 *Mlo* 基因定位结果表明,*Mlo* 基因往往在染色体中呈分散状态,并不局限于某一条特定的染色体。研究表明,拟南芥 *Mlo* 基因分布于 5 条染色体上,水稻 *Mlo* 基因分布于 8 条染色体上。*Mlo* 基因在染色体两端以基因簇的形式存在,在不同染色体上形成重复的片段。有学者在细胞质膜上发现大麦 Mlo 蛋白的 7 个跨膜结构域;他们发现该蛋白含有 1 个与动物 G-蛋白偶联受体相似的羧基端长尾,具有位于膜外的 N-端以及位于膜内的 C-端,序列差异仅存在于 N-端、C-端及胞外第 1 环区域;他们的研究同时证实了 *Mlo* 基因家族具有高度保守的特性,成员之间具有 70% 的相似性及 45% 的同源性。有学者发现存在于大麦和葡萄氨基酸序列中的 30 个保守氨基酸残基,这些保守的氨基酸残基也存在于大部分植物 Mlo 蛋白中。

黄瓜、南瓜等作物 Mlo 蛋白研究表明,部分氨基酸残基表现为缺失或突变,并未完全保持完整性,这些变异主要位于远离第 7 螺旋跨膜结构的 N-端、C-端以及胞外第 1 环区域。研究表明,C-端尾部有 1 个钙调素结合区域(CAMBD),由此推测 Mlo 蛋白可能参与调控植物钙调素结合过程并影响植物细胞的生长。基因结构影响功能的实现方式,有学者发现了 Mlo 蛋白实现功能的 2 个条件:一是 Mlo 蛋白完整的 C 端结构;二是 Mlo 跨膜蛋白与细胞内环肽(以及细胞外半胱氨酸残基的互作)。有学者对 29 种植物 Mlo 基因家族进行鉴定分析,结果表明:多数 Mlo 基因具有 11~14 个外显子,编码氨基酸数目为 400~600;Mlo 基因编码蛋白质大多为稳定的疏水性蛋白,等电量均大于 7。有学者利用 Lep-Mlo 蛋白融合技术与 N-糖基化突变扫描技术并通过分离实验得到了 Mlo 蛋白的拓扑结构,结果表明,Mlo 属于膜锚定蛋白,它的跨膜螺旋 60% 存在于细胞质内、15% 暴露在细胞外,其余则在细胞质膜中。大部分 Mlo 基因有 10 个保守基序,这些保守基序对应着跨膜螺旋结构,形成了 Mlo 主要的功能区域。在不同的作物中,Mlo 基因表达也存在着一定的差异,这可能与一些条件的差异性或者物种的特异性有关,因此,Mlo 基因的功能仍需继续探究。

7.1.2　高等植物 Mlo 基因的广谱抗性

研究表明,大麦 Mlo 的隐性突变等位基因 mlo 大多来自人工诱变,使感病品种获得具有 mlo 抗性的突变基因。有学者通过克隆技术克隆出全长为 1 599 bp 的大麦 Mlo 基因;该基因可以编码 60 kDa 的跨膜蛋白,功能为负向调节的广谱抗性。随着基因技术的发展,人们开始使用基因枪、转基因等技术研究大麦 Mlo 基因功能。有学者通过基因枪直接将 dsRNA 导入具有 Mlo 基因的大麦品种中,获得了具有白粉病抗性的单细胞。有学者将 Mlo 基因与 GFP 基因融合并导入 mlo 基因型大麦叶片中,构建了大麦 Mlo 与其突变体之间的转化系统。研究表明:导入野生型 Mlo 基因,可恢复 mlo 型大麦叶片的感病性;如果将 Mlo 基因导入 Mlo 型大麦叶片,表现为高达 100% 的感病率,证明了 Mlo 基因的负向调节功能。有学者在小麦中发现了与编码大麦 Mlo 蛋白质相似度为 88% 的同源小麦 Mlo 基因(TaMlo-A1、TaMlo-B1 和 TaMlo-D1),TaMlo-B1 过量表达提高了植株对白粉病的抗性。

有学者在拟南芥中发现了 mlo 抗性,他们在拟南芥中获得了大麦 *Mlo* 基因同源的拟南芥 *AtMlo*2、*AtMlo*6、*AtMlo*12 基因,这 3 个基因在不同程度上增强了对白粉病的抗性;mlo2 与 mlo6 的三突变体对白粉病完全免疫,形成具有完全抗性的突变体。研究表明,烟草、黄瓜、番茄、蔷薇、葡萄、豌豆、苹果等植物中均与大麦 *Mlo* 基因存在同源关系。有学者基于 PCR 的方法,从茄科作物(茄子、马铃薯和烟草)中分离出 *Mlo* 基因(*SmMlo*1、*StMlo*1 和 *NtMlo*1),通过系统发育分析和序列比对,发现这 3 个基因与番茄 *SlMlo*1 和辣椒 *CaMlo*2 为直系同源基因。有学者将烟草 *NtMlo* 基因的全长序列进行转基因互补测定,证明其为白粉病真菌易感因子。有学者发现烟草的白粉病抗性受 2 个位点的隐性等位基因控制;在烟草抗白粉病品种中,*NtMlo*1 和 *NtMlo*2 均发生了内含子区域的突变,这些突变抑制了 Mlo 蛋白的合成。有学者从黄瓜中克隆得到黄瓜 *CmMlo*1 基因,该基因在白粉病菌的胁迫下表达不明显,但在镉胁迫下表达量明显上调,证明了 *Mlo* 基因也可能影响除真菌病害外的非生物胁迫。有学者对番茄 *SlMlo*1 基因的 28 个突变等位基因 cDNA 全长进行分析,发现 *SlMlo* 功能的丧失是编码区存在 1 bp 的缺失从而引起 29 个移码突变,由此提高了植株白粉病的抗性。有学者通过基因敲除技术,发现苹果 *MdMlo*19 基因为苹果白粉病的感病基因;有学者在葡萄植株中敲除 *VvMlo*6 和 *VvMlo*7,可以增强对白粉病的抗性。有学者利用白粉病菌侵染葡萄,发现了 *VvMlo* 基因不同的表达模式,其中 *VvMlo*6 和 *VvMlo*7 表达发生明显上调,从另一方面证明了这 2 个基因与白粉病菌存在互作关系。有学者从甜瓜中鉴定出 16 个 *Mlo* 基因,对甜瓜进行白粉病菌侵染后,*CmMlo*2、*CmMlo*3 与 *CmMlo*13 基因表达量上调。在橡胶树中,*HbMlo*7 基因在白粉病侵染后表达量显著下降,*HbMlo*2 和 *HbMlo*8 基因表达量先上调后下调。以上结果说明 *Mlo* 基因在不同作物中的表达量存在差异且不是所有 *Mlo* 基因都与白粉病相关。研究表明:*Mlo* 基因调控的抗病性对白粉病有很好的防御作用;大麦突变体 mlo 植株对腐生真菌的生长同样产生影响。*Mlo* 基因的抗性很有可能不仅只表现为白粉病抗性,也可能对植物的其他病害产生影响。

关于 *Mlo* 基因与甜菜相关的研究鲜有报道,在甜菜中对 *Mlo* 基因展开研究或能够为培育高品质的甜菜品种提供新的理论参考和抗性分子育种方向。由尾孢菌引起的甜菜褐斑病是一种严重威胁甜菜产量的真菌病害,其普遍发生于我国东北甜菜主要种植区域,几乎每年都有发生,目前,对甜菜褐斑病的抗性研究并不充分,且防治手段仍主要为化学防治,存在着较为严重的生态问题。由本实验室的甜菜褐斑病侵染转录组数据本可知,*Mlo* 基因在甜菜褐斑病感染期间出现了明显的表达量变化,推测 *Mlo* 基因可能影响着甜菜对褐斑病的抗病能力。因此,本研究对于了解 *BvMlo* 基因的进化和利用反向遗传技术开发抗甜菜褐斑病品种具有重要意义,有利于甜菜抗病相关基因的挖掘。同时,本研究初步揭示了甜菜 *BvMlo* 家族成员是否参与非生物胁迫应答和激素信号转导,为后续研究 *BvMlo* 基因的具体功能及在生产上的实际应用奠定了基础。

7.2　材料与方法

7.2.1　材料、菌株、质粒载体、培养基、主要仪器

7.2.1.1　材料

本实验的研究对象是甜菜易感病品种 KWS9147。将实验室所存 KWS9147 种子播于装有草炭土的盆中,在光暗周期为 16 h/8 h、湿度为 60%、温度为 26 ℃ 的条件下培养甜菜幼苗长至 2 对真叶。

7.2.1.2　菌株、质粒载体

实验所用大肠杆菌为 DH5α,同源重组载体为 pCE-Zero vector。甜菜褐斑病病原体由为本实验室分离纯化。

7.2.1.3　培养基

PDA 培养基:马铃薯 200 g,葡萄糖 20 g,琼脂 15 ~ 20 g,加蒸馏水定容至 1 000 mL。

LB 液体培养基:0.5 g 酵母粉,1 g 蛋白胨,1 g NaCl,pH 值调至 7.4,使用去离子水定容至 100 mL。

LB 固体培养基:在 100 mL 液体培养基中加入 1.5 g 琼脂粉,高压灭菌后加入卡那霉素,倒入平板中冷却。

7.2.1.4 主要仪器

琼脂糖水平电泳槽,普通 PCR 仪,紫外分光光度计,高速冷冻离心机,电子天平,光照培养箱,高压灭菌锅,电热鼓风干燥箱,超低温冰箱,微型涡旋混合仪,凝胶成像系统分析仪,超净工作台,紫外切胶仪。

7.2.2 方法

7.2.2.1 甜菜 *Mlo* 基因家族生物信息学分析

(1)甜菜 *Mlo* 基因家族序列及信息

从 NCBI 网站下载甜菜蛋白质序列,从 Pfam 网站下载 Mlo 蛋白结构域。通过 HMMER search 进行比对,删除重复序列,使用 BioXM 软件分析 CDS 序列的开放阅读框,保留具有完整开放阅读框的序列并使用在线软件 cdd 对 *Mlo* 特有保守结构域进行鉴定,得到含有特定结构域的甜菜 *Mlo* 基因家族序列,以供后续分析及实验使用。

(2)甜菜 *Mlo* 基因家族编码蛋白质理化性质分析

使用 PrrotParam 在线分析软件对甜菜 *Mlo* 基因家族编码 10 个 BvMlo 蛋白质的氨基酸数目、稳定性、亲水性、等电点等理化性质进行分析。

(3)甜菜 *Mlo* 基因家族染色体定位及共线性分析

使用 Tbtools 软件对甜菜 *Mlo* 基因家族进行染色体定位及共线性分析。

(4)甜菜 *Mlo* 基因家族结构特征

利用 NCBI 网站得到甜菜 *Mlo* 基因家族 10 个基因序列,使用 Tbtools 软件分析内含子–外显子结构。将所得氨基酸序列使用 Clustal X 进行多序列比对并使用 MEME 软件分析蛋白质的保守基序。

(5)甜菜 *Mlo* 基因家族编码蛋白质二级结构和三级结构预测

使用 SOPMA 软件进行二级结构预测,使用 SWISS–MODEL 进行三级结构预测和可视化。

(6)甜菜 *Mlo* 基因家族编码蛋白质跨膜结构域预测

使用 TMpred Server 对甜菜 *Mlo* 基因家族编码蛋白质进行跨膜结构域

预测。

（7）甜菜 *Mlo* 基因家族顺式作用元件分析

使用 PlantCARE 在线软件分析甜菜 *Mlo* 基因家族顺式作用元件种类及数量，进行统计分析，使用 TBTools 绘制顺式作用元件分布图。

（8）甜菜 *Mlo* 基因家族信号肽预测

使用 SignalP 5.0 Server 对甜菜 *Mlo* 基因家族进行信号肽预测。

（9）甜菜 *Mlo* 基因家族蛋白磷酸化位点预测

使用 NetPhos 在线软件进行蛋白磷酸化位点预测。

（10）甜菜 *Mlo* 基因家族系统进化分析

下载其他作物 *Mlo* 基因（拟南芥 *AtMlo*，胡萝卜 *DcMlo*，玉米 *ZmMlo*，水稻 *OsMlo*，番茄 *SlMlo*，菠菜 *SoMlo*）的氨基酸序列，同所有 *BvMlo* 基因一起使用 MEGA7 进行系统进化分析，选择 construct/Test Neighbor-joining Tree 方法构建系统进化树，使用自展法（Bootstrap method）进行检测，次数为 1 000 次，模型选择为 Poisson model，对构建好的系统进化树用在线软件 Evoview 进行美化。

7.2.2.2　甜菜褐斑病抗性相关 *Mlo* 基因克隆

研究表明，*Mlo* 基因是一类植物特有的新发现的抗病基因，其突变型 *Mlo* 基因在多种植物（如小麦、月季、大麦、葡萄等）的抗病性实验中都表现出显著的广谱性抗病效果。*Mlo* 基因也参与应答多种非生物胁迫，可见 *Mlo* 基因对于植物抗病具有重要作用。由本实验室的转录组数据可知，甜菜褐斑病植株转录组本中 *Mlo* 基因表达量有明显的变化，推测 *Mlo* 基因可能参与了甜菜与褐斑病的互作过程。笔者在此基础上设计了本次实验，以期能够找到甜菜 *Mlo* 基因家族成员中影响甜菜抗褐斑病的基因，进而为甜菜褐斑病抗病育种提供理论基础和基因育种方向上的建议。

（1）目的基因 PCR 扩增

将甜菜 *BvMlo*2、*BvMlo*7 目的基因序列使用 snapgene 设计特异性引物（表 7-1），加入 pCE-Zero vetor 两端同源臂，在正向引物前加入 URS 序列（GGATCTTC-CAGAGAT），反向引物前加入 DRS 序列（CTGCCGTTCGACGAT）。以反转录获得的 cDNA 第 1 条链为模板进行 PCR 扩增；反应程序为预变性 94 ℃、4 min，变性 98 ℃、10 s，退火 55 ℃，延伸 72 ℃、30s，延伸 72 ℃、10 min，16 ℃ 延伸，35 个

循环。反应体系如表 7-2 所示。反应完成后,PCR 产物经 1% 琼脂糖凝胶验证是否有条带。

表 7-1 PCR 扩增所用引物

引物	引物序列	用途
BvMlo2 F	CTTCATCTTTGTTCTGGCGGTTGTTC	目的基因验证
BvMlo2 R	AGTGCTTCCATTGGCGAATCTGTC	目的基因验证
BvMlo7 F	TAGGAGCAGTGGTATTTGGGATTGTTG	目的基因验证
BvMlo7 R	AGTGCTTCCATTGGCGAATCTGTC	目的基因验证
BvMlo2a F	GGATCTTCCAGAGATATGGCAAATGAAGAAGGTGA	目的基因扩增
BvMlo2a R	CTGCCGTTCGACGATTTATGTGTTACTTGGTTGAATCTC	目的基因扩增
BvMlo7a F	GGATCTTCCAGAGATATGGCAGGAGGAGCAGAAG	目的基因扩增
BvMlo7a R	CTGCCGTTCGACGATTTAATGTCGTTGGTGATTTGA	目的基因扩增

表 7-2 PCR 反应体系

试剂名称	体积/μL
PrimeSTAR Max Premix(2×)	25
上游引物	2
下游引物	2
cDNA	2
ddH$_2$O	19

(2)甜菜 *BvMlo* 目的基因片段胶回收

向吸附柱(吸附柱放入收集管中)中加入 500 μL 平衡液 BL,12 000 r/min 离心 1 min,倒掉收集管中的废液,将吸附柱重新放回收集管中。

将单一目的 DNA 条带从琼脂糖凝胶中切下(尽量切除多余部分)并放入干净的离心管中,称取质量。

向胶块中加入等倍体积溶液 PN,50 ℃ 金属浴,直到胶完全溶解。

将所得溶液加入到 1 个吸附柱中(吸附柱放入收集管中),室温放置 2 min,12 000 r/min 离心 30~60 s,倒掉收集管中的废液,将吸附柱放入收集管中。

向吸附柱中加入 600 μL 漂洗液 PW,12 000 r/min 离心 60 s,倒掉收集管中的废液,将吸附柱放入收集管中,该步骤重复 2 遍。

　　将吸附柱放回收集管中,12 000 r/min 离心 2 min,尽量除去漂洗液。

　　将吸附柱置于室温放置数分钟,彻底晾干,以防止残留的漂洗液影响下一步的实验。

　　将吸附柱放入 1 个干净离心管中,向吸附膜中间位置悬空滴加入 50 μL 洗脱缓冲液 EB,室温放置 2 min。12 000 r/min 离心 2 min 收集 DNA 溶液。

　　(3)甜菜 *BvMlo* 目的基因克隆载体构建

　　使用相关试剂盒构建基因克隆载体,在冰上配制以下反应体系,使用移液器轻轻吸打混匀(请勿振荡混匀),短暂离心将反应液收集至管底。重组反应体系如表 7-3 所示。

表 7-3　重组反应体系

组分	使用量
线性化载体	1μL
插入片段	2.5μL
5xCE Ⅱ Buffer	4μL
Exnse Ⅱ	2μL
ddH$_2$O	补足至 20μL

　　37 ℃反应 30 min,立即置于冰上冷却。

　　在冰上解冻克隆感受态细胞 DH5α。

　　取 10 μL 重组产物加入到 100 μL 感受态细胞中,轻弹管壁混匀,冰上静置 30 min。

　　42 ℃水浴热激 45 s 后,立即置于冰上冷却 2 min。加入 900 μL LB 培养基(不添加抗生素),37 ℃摇菌 1 h(转速为 200 r/min)。将相应抗性的 LB 固体培养基平板在 37 ℃培养箱中预热。

　　5 000 r/min 离心 5 min,弃掉 900 μL 上清。用剩余培养基将菌体重悬,用无菌涂布棒在 LB 固体培养基(含抗生素,50 μg/mL Kan)将菌液轻轻涂匀,37 ℃培养箱中倒置培养 12~16 h。

　　挑长势较好的单菌落接种到 1 mL 含有 Kan 的 LB 液体培养基中,

200 r/min、37 ℃恒温振荡培养 6 h,取 1 μL 菌液使用 *BvMlo*2、*BvMlo*7 特异引物和 pCE-Zero Vector 上的通用引物进行菌液 PCR 及凝胶电泳检测。若扩增产物条带同目的基因长度一致,则可能为含阳性重组质粒的菌液。

(4)质粒的提取及酶切验证

取 3 mL 菌液(过夜培养)12 000 r/min 离心 1 min,吸除上清液。

向留有菌体沉淀的离心管中加入 250 μL 溶液 P1(含 RNase A),使用移液器彻底悬浮细菌沉淀。

向离心管中加入 250 μL 溶液 P2,温和地上下翻转 6~8 次,使菌体充分裂解至菌液变得清亮黏稠。

向离心管中加入 350 μL 溶液 P3,立即温和地上下翻转 6~8 次,充分混匀直至出现白色絮状沉淀,12 000 r/min 离心 10 min。

将上一步收集的上清液用移液器转移到吸附柱 CP3 中,12 000 r/min 离心 1 min,倒掉收集管中的废液,将吸附柱 CP3 放入收集管中。向吸附柱 CP3 中加入 600 μL 漂洗液 PW(含无水乙醇),12 000 r/min 离心 1 min,倒掉收集管中的废液,共漂洗 2 次。

将吸附柱 CP3 放入收集管中,12 000 r/min 离心 2 min,去除残余漂洗液。

将吸附柱 CP3 开盖,室温放置数分钟,以彻底晾干吸附材料中残余的漂洗液。

将吸附柱 CP3 置于 1 个干净的离心管中,向吸附膜的中间部位滴加 100 μL 洗脱缓冲液 EB,室温放置 2 min,12 000 r/min 离心 2 min,将质粒溶液收集到离心管中。

收集到的重组质粒于-20 ℃保存,使用 QuickCut EcoR Ⅰ 限制性内切酶对质粒进行酶切验证,条带与预计位置一致的为重组成功的质粒,将含重组质粒的大肠杆菌菌液进行测序。

7.2.2.3　甜菜褐斑病抗性相关 *Mlo* 基因表达分析

(1)甜菜幼苗的实验处理

当幼苗长至 2 对真叶时,取叶片并用液氮冷冻,置于-80 ℃保存,作为 RNA 提取的材料。

将长至 2 对真叶的甜菜幼苗幼嫩叶片采用喷雾接种法进行正反面喷雾接

种,将接种完成的植株放置在温度为 25 ℃、相对湿度为 90% 的光照条件下培养 7 d。分别采集 0 h、12 h、24 h、2 d、3 d、4 d、7 d 共 7 个时期的叶片,以未接种叶片为对照,每个样品设置 3 次重复,用液氮冷冻置于−80 ℃ 保存,用于检测甜菜褐斑病诱导下不同时期目的基因的相对表达量。

取长至 2 对真叶的甜菜幼苗,将长势一致的甜菜幼苗进行 100 μmol/L 水杨酸、100 μmol/L 茉莉酸甲酯处理,以未处理叶片为对照,分别取 0 h、4 h、8 h、12 h、24 h、3 d、5 d 共 7 个时期的叶片,并进行液氮处理,储存于−80 ℃ 下备用,用于检测不同处理下不同时期目的基因的相对表达量。

(2)甜菜幼苗总 RNA 的提取

对研钵、研磨柱、枪头、镊子、药匙、离心管等进行高温灭菌。

取适量冰块,将 1.5 mL 离心管放置冰上预冷,加入 1 mL Trizol 溶液。

在研钵中倒入适量液氮,取 0.4 g 甜菜叶片,迅速研磨成粉,用药匙转入离心管中并振荡混匀,加入 100 μL 的 2 mol/L 醋酸钠(pH=4),充分混匀,加入 300 μL 氯仿,充分振荡混匀,静置 10 min 分层,将高速冷冻离心机提前预冷至 4 ℃,将分层后溶液 12 000 r/min 离心 15 min。

转移 600 μL 上清液至新的离心管中,加入同体积异丙醇,充分混匀 10 s,置于−20 ℃ 条件下冷冻 1 h。将冷冻好的溶液于 4 ℃、12 000 r/min 离心 20 min,弃上清液,再放入离心机中在相同条件下离心 1 min,用枪头吸取残余上清液。

用 70% 乙醇反复洗涤剩余沉淀 2~3 次,置于无菌操作台晾 30 min,加入 10 μL DEPC 处理的 ddH$_2$O 溶解沉淀,得到 RNA 溶液,置于−80 ℃ 条件下保存备用。

使用 1×TAE 电泳缓制作 1.5% 琼脂糖凝胶电泳检测 RNA 质量,使用 Nanodrop 检测浓度。

(3)反转录 cDNA 的合成

将模板 RNA 在冰上解冻,5×FastKing-RT SuperMix 和 RNase-Free ddH$_2$O 在室温解冻,解冻后迅速置于冰上,使用前将每种溶液涡旋振荡混匀,简短离心以收集残留在管壁的液体。

在冰上配制反转录反应体系(表 7-4)。

表 7-4　反转录反应体系

组成成分	使用量
5×FastKing-RT SuperMix	4 μL
总 RNA	50 ng~2 μg
RNase-FreeddH$_2$O	补足至 20 μL

反转录反应程序如表 7-5 所示。将反应产物置于-20 ℃条件下保存待用。

表 7-5　反转录反应程序

反应温度/℃	反应时间/min	说明
42	15	去除基因组及反转录反应
95	3	酶灭活过程

（4）目的基因在表达分析

提取叶片总 RNA 并反转录为模板 cDNA。以甜菜 *GAPDH* 为内参基因，根据克隆所得目的基因序列设计特异性引物，采用 qPCR 方法检测不同时期的目的基因表达量，用 $2^{-\Delta\Delta Ct}$ 进行数据分析，按照 TB Green Premix Ex Taq Ⅱ 试剂盒说明方法配制反应体系并设置程序。qPCR 反应体系如表 7-6 所示。qPCR 反应程序如表 7-7 所示。qPCR 所用引物如表 7-8 所示。

表 7-6　qPCR 反应体系

试剂	使用量
TB Green Premix Ex Taq Ⅱ（2×）	10 μL
上游引物	1 μL
下游引物	1 μL
ROX Reference Dye	0.4 μL
模板 DNA	1 μL
ddH$_2$O	补足至 20 μL

表 7-7　qPCR 反应程序

步骤	反应温度/℃	反应时间/s
预变性	95	30
PCR 反应（40 个循环）	95	5
	60	34
溶解曲线	95	15
	60	60
	95	15

表 7-8　qPCR 所用引物

引物名称	引物序列
BvMlo2b F	CATGACCATGCCTTCATTCGT
BvMlo2b R	ACCCATACGCAATGTCATGTAG
BvMlo7b F	AATGGGCTTCGTATTGACACA
BvMlo7b R	ACAAAGAGCCACATGAACCAG

7.3　结果与分析

7.3.1　甜菜 *Mlo* 基因家族生物信息学分析

7.3.1.1　甜菜 *Mlo* 基因家族序列及信息

甜菜 *Mlo* 基因家族序列如图 7-1 所示。除去重复和不全的序列，得到 10 条序列。保守结构域鉴定结果表明，该 10 条氨基酸序列均具有 Mlo 蛋白结构域，是甜菜 Mlo 基因家族（*BvMlo*）成员。

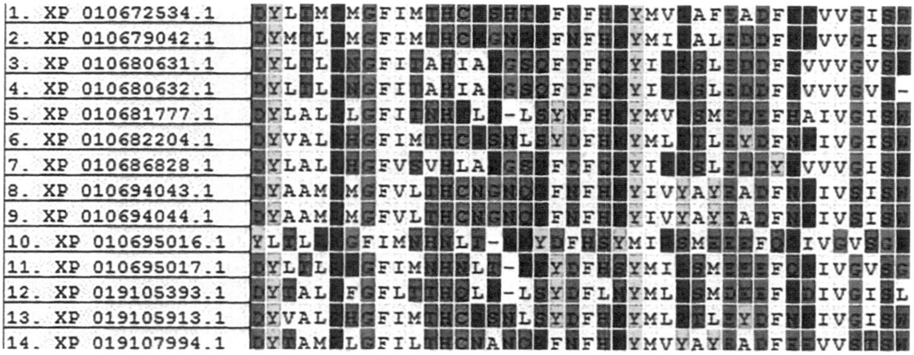

图 7-1 甜菜 *Mlo* 基因家族序列

甜菜 *Mlo* 基因家族信息如表 7-9 所示。甜菜 *Mlo* 基因家族基因编码区长度为 1 257~1 719bp，预测蛋白为 Mlo-like protein 1、4、9、10、13、14、15。

表 7-9 甜菜 *Mlo* 基因家族信息

基因名称	基因 ID	蛋白质序列号	编码区长度/bp	保守结构域特征	范围	预测蛋白	染色体	染色体定位
*BVMlo*1	104889091	XP_010672534.1	1 614	Mlo	7~444	Ml0-like protein 15	Chr3	16443694..16469348
*BVMlo*2	104894490	XP_010679042.1	1 494	Mlo	15~483	Ml0-like protein 1	Chr5	48704537..48711257
*BVMlo*3	104895748	XP_010680631.1	1 665	Mlo	21~496	Ml0-like protein 10	Chr6	10792897..10800110
*BVMlo*4	104896706	XP_010681777.1	1 677	Mlo	8~481	Ml0-like protein 4	Chr6	32074679..32123865
*BVMlo*5	104897085	XP_010682204.1	1 506	Mlo	9~452	Ml0-like protein 13	Chr6	44902935..44927742
*BVMlo*6	104900984	XP_010686828.1	1 485	Mlo	15~451	Ml0-like protein 9	Chr1	31753605..31759572
*BVMlo*7	104906911	XP_010694043.1	1 368	Mlo	10~417	Ml0-like protein 1	Chr3	855904..880290
*BVMlo*8	104907738	XP_010695016.1	1 662	Mlo	9~446	Ml0-like protein 14	Chr4	323034..335913
*BVMlo*9	104895314	XP_019105393.1	1 719	Mlo	4~472	Ml0-like protein 14	Chr6	3989538..3995672
*BVMlo*10	104906705	XP_019107994.1	1 257	Mlo	1~363	Ml0-like protein 15	Chr3	410581..415794

7.3.1.2　甜菜 *Mlo* 基因家族编码蛋白质理化性质分析

甜菜 *Mlo* 基因家族编码蛋白质理化性质分析如表 7-10 所示。甜菜 *Mlo* 基因家族编码蛋白质有 418~572 个氨基酸, *BvMlo*1、*BvMlo*5 编码蛋白质的主要氨基酸为 Leu 和 Val, *BvMlo*2、*BvMlo*7、*BvMlo*10 编码蛋白质的主要氨基酸为 Leu 和 Ile, *BvMlo*3、*BvMlo*4、*BvMlo*8、*BvMlo*9 编码蛋白质的主要氨基酸为 Leu 和 Ser, *BvMlo*6 编码蛋白质的主要氨基酸为 Leu 和 Glu。*BvMlo*1、*BvMlo*2、*BvMlo*3、*BvMlo*4、*BvMlo*6、*BvMlo*7、*BvMlo*8 编码蛋白质的碱性氨基酸个数多于酸性氨基酸个数; *BvMlo*9 和 *BvMlo*10 编码蛋白质的酸性氨基酸个数多于碱性氨基酸个数, *BvMlo*5 编码蛋白质的酸性氨基酸个数与碱性氨基酸个数相等。甜菜 *Mlo* 基因家族编码蛋白质等电点为 6.23~9.14, 分子量为 47537.30~66371.01 Da, 不稳定系数为 29.45~49.23, *BvMlo*1、*BvMlo*2、*BvMlo*6、*BvMlo*7、*BvMlo*10 编码蛋白质为稳定性蛋白质, *BvMlo*3、*BvMlo*4、*BvMlo*5、*BvMlo*8、*BvMlo*9 编码蛋白质为不稳定性蛋白质。除 *BvMlo*3、*BvMlo*8、*BvMlo*9 编码蛋白质表现为亲水性外, 其他基因编码蛋白质均表现为疏水性。平均亲水性指数为 -0.078~0.290, 处于两性蛋白亲水性指数为 -0.5~0.5, 表明甜菜 *Mlo* 基因家族编码蛋白质主要为两性蛋白。

表 7-10　甜菜 *Mlo* 基因家族编码蛋白质理化性质分析

基因名称	氨基酸个数	主氨基酸	碱性氨基酸个数	酸性氨基酸个数	分子量/Da	等电点	半衰期/h	不稳定系数	平均亲水性指数
*BvMlo*1	537	Leu、Val	52	43	61 277.43	8.93	30	35.35	0.126
*BvMlo*2	497	Leu、Ile	51	45	56 770.39	8.68	30	34.62	0.209
*BvMlo*3	554	Leu、Ser	63	54	63 788.01	8.99	30	42.46	-0.078
*BvMlo*4	558	Leu、Ser	63	59	64 395.69	8.35	30	42.54	0.015
*BvMlo*5	501	Leu、Val	54	54	57 846.50	7.27	30	42.25	0.106
*BvMlo*6	494	Leu、Glu	54	41	56 306.95	9.14	30	34.75	0.106
*BvMlo*7	455	Leu、Ile	40	33	51 309.88	8.89	30	29.45	0.290
*BvMlo*8	553	Leu、Ser	59	51	63 248.11	8.99	30	49.23	-0.024
*BvMlo*9	572	Leu、Ser	60	65	66 371.01	6.48	30	40.92	-0.144
*BvMlo*10	418	Leu、Ile	35	40	47 537.30	6.23	30	36.22	0.331

7.3.1.3　甜菜 *Mlo* 基因家族染色体定位及共线性分析

如图 7-2 所示:甜菜 *Mlo* 基因家族分散在甜菜 1、3、4、5、6 号染色体上,形成 2 个自然基因簇,分别为分布在 3 号染色体上的基因簇(包含 *BvMlo*1、*BvMlo*7、*BvMlo*10)、分布在 6 号染色体上的基因簇(包含 *BvMlo*3、*BvMlo*4、*BvMlo*5、*BvMlo*9);*BvMlo*3 与 *BvMlo*6 存在共线性关系。

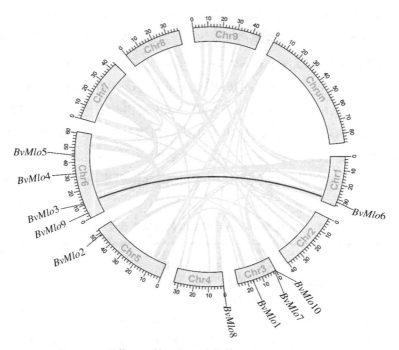

图 7-2　甜菜 *Mlo* 基因家族染色体定位及共线性分析

7.3.1.4　甜菜 *Mlo* 基因家族结构特征

如图 7-3 所示,甜菜 *Mlo* 基因家族编码蛋白质氨基酸序列高度一致,具有较强的保守性。笔者使用 TBtools 软件对甜菜 *Mlo* 基因家族结构进行分析,如图 7-4 所示:*BvMlo*6、*BvMlo*10 外显子和内含子个数最多,分别为外显子 12 个,内含子 11 个;*BvMlo*2 只含有 1 个外显子;*Mlo* 基因家族内含子、外显子个数的不同表明了基因结构的多样化。根据保守基序分析结果(图 7-5)可知,除 *BvMlo*7 具有 9 个保守基序、*BvMlo*10 具有 7 个保守基序外,其他基因均具有 10 个保守基序,其中 Motif5-Motif8-Motif4-Motif1-Motif9-Motif3-Motif2 的区域保守性最高,在 10 个序列中均有分布。

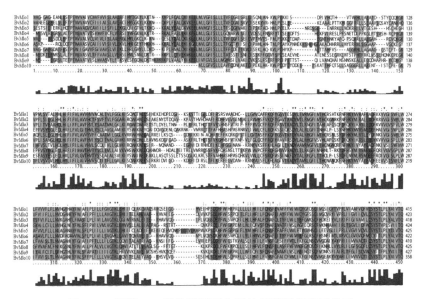

图 7-3 甜菜 *Mlo* 家族编码蛋白质的氨基酸多序列比对

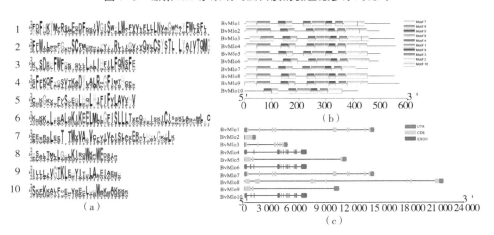

图 7-4 甜菜 *Mlo* 基因家族序列预测分析

注:(a)(b)保守基序分析,(c)基因结构分析。

7.3.1.5　甜菜 *Mlo* 基因家族编码蛋白质二级结构和三级结构预测

甜菜 *Mlo* 基因家族编码蛋白质二级结构如表 7-11 所示，二级结构中 α-螺旋占比最大，其次为无规则卷曲。甜菜 *Mlo* 基因家庭编码蛋白质三级结构预测如图 7-5 所示，*BvMlo*1、*BvMlo*3 和 *BvMlo*8 编码蛋白质结构较相似。

表 7-11　甜菜 *Mlo* 基因家族编码蛋白质二级结构预测

基因	二级结构			
	α-螺旋	延伸链	β-折叠	无规则卷曲
*BvMlo*1	272(50.65%)	67(12.48%)	19(3.54%)	179(33.33%)
*BvMlo*2	251(50.50%)	63(12.68%)	21(4.23%)	162(32.60%)
*BvMlo*3	266(48.01%)	67(12.09%)	28(5.05%)	193(34.84%)
*BvMlo*4	296(53.05%)	69(12.37%)	19(3.41%)	174(31.18%)
*BvMlo*5	294(58.68%)	50(9.98%)	15(2.99%)	142(28.34%)
*BvMlo*6	256(51.82%)	57(11.54%)	19(3.85%)	162(32.79%)
*BvMlo*7	249(54.73%)	58(12.75%)	14(3.08%)	134(29.45%)
*BvMlo*8	258(46.65%)	61(11.03%)	11(1.99%)	223(40.33%)
*BvMlo*9	272(47.55%)	79(13.81%)	28(4.90%)	193(33.74%)
*BvMlo*10	205(49.04%)	64(15.31%)	11(2.63%)	138(33.01%)

注："α-螺旋"列括号外数字表示 α-螺旋的氨基酸数量，括号内数字表示 α-螺旋的氨基酸数量占总氨基酸数量的比例。其他列同。

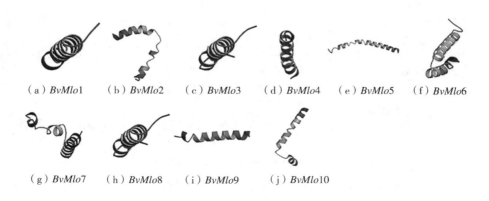

（a）*BvMlo*1　（b）*BvMlo*2　（c）*BvMlo*3　（d）*BvMlo*4　（e）*BvMlo*5　（f）*BvMlo*6

（g）*BvMlo*7　（h）*BvMlo*8　（i）*BvMlo*9　（j）*BvMlo*10

图 7-5　甜菜 *Mlo* 基因家族编码蛋白质三级结构预测

7.3.1.6 甜菜 *Mlo* 基因家族编码蛋白质跨膜结构域预测

跨膜结构域是膜蛋白与膜脂结合的主要部位,对其进行预测有助于研究蛋白质功能及其作用位置。甜菜 *Mlo* 基因家族编码蛋白质跨膜结构域预测结果表明,甜菜 *Mlo* 基因家族编码蛋白质大多具有 7 个跨膜结构域,*Bv*Mlo4 编码蛋白质具有 6 个跨膜结构域,*Bv*Mlo10 编码蛋白质具有 4 个跨膜结构域。尽管数目不全相同,但各蛋白质跨膜结构域在肽链上的位置大体一致。

7.3.1.7 甜菜 *Mlo* 基因家族顺式作用元件分析

甜菜 *Mlo* 基因家族顺式作用元件分析结果如图 7-6 所示。甜菜 *Mlo* 基因家族中含有大量的核心启动子元件(TATA)以及启动子与增强子区域所共含的顺式作用元件(CAAAT/CCAAT),还存在着参与植物生理反应和代谢反应的元件,如胚乳表达应答元件(TGAGTCA)以及玉米醇蛋白代谢应答元件(GATGA-CATGG)。甜菜 *Mlo* 基因家族还存在如下激素应答元件:水杨酸应答元件(CACGTG)、脱落酸应答元件(CCATCTTTTT)、赤霉素应答元件(TATCCCA)。光应答元件(CACGTG)、低温应答元件(CCGAAA)、防御和抗压元件(GTTTCT-TAC)、伤害应答元件(AAATTCCT)的存在说明除了可能参与生物胁迫外,甜菜 *Mlo* 基因家族也可能影响着受到外部条件及非生物胁迫下的抗性反应。

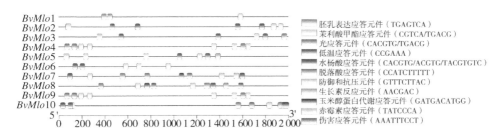

图 7-6 甜菜 *Mlo* 基因家族顺式作用元件分析

7.3.1.8 甜菜 *Mlo* 基因家族信号肽预测

信号肽在蛋白质与内质网的结合过程及合成后的转运过程中具有重要的

作用。信号肽预测结果表明，只有 *BvMlo*10 有信号肽，其信号肽切位点在第 18 个和第 19 个氨基酸之间。

7.3.1.9   甜菜 *Mlo* 基因家族蛋白磷酸化位点预测

甜菜 *Mlo* 基因家族蛋白磷酸化位点预测如表 7-12 所示。甜菜 *Mlo* 基因家族具有丰富的蛋白磷酸化位点，包括丝氨酸磷酸化位点、苏氨酸磷酸化位点、络氨酸磷酸化位点；丝氨酸磷酸化位点占比最大，酪氨酸磷酸化位点占比最小。*BvMlo*4 和 *BvMlo*8 的丝氨酸磷酸化位点最多，为 44 个。*BvMlo*8 的酪氨酸磷酸化位点含量最少，为 1 个。

表 7-12   甜菜 *Mlo* 基因家族蛋白磷酸化位点

基因	丝氨酸磷酸化位点/个	苏氨酸磷酸化位点/个	酪氨酸磷酸化位点/个
*BvMlo*1	27	24	7
*BvMlo*2	15	9	7
*BvMlo*3	35	24	4
*BvMlo*4	44	21	2
*BvMlo*5	21	11	5
*BvMlo*6	21	13	5
*BvMlo*7	18	12	3
*BvMlo*8	44	21	1
*BvMlo*9	38	17	8
*BvMlo*10	25	14	4

7.3.1.10   甜菜 *Mlo* 基因家族系统进化分析

系统进化分析有助于研究与甜菜 *Mlo* 基因家族具有共同祖先的各物种之间的亲缘分支分类和演化关系。笔者将甜菜 *BvMlo* 与拟南芥 *AtMlo*、胡萝卜 *Dc-Mlo*、玉米 *ZmMlo*、水稻 *OsMlo*、番茄 *SlMlo*、菠菜 *SoMlo* 基因一起进行系统进化分析并构建系统进化树，结果如图 7-7 所示。第Ⅰ类群为最大的类群，*BvMlo*3、*BvMlo*6 与已报道的易感病相关的拟南芥 *AtMlo*2、*AtMlo*6、*AtMlo*12 位于这一类群中,推测 *BvMlo*3、*BvMlo*6 表达有可能起到提高甜菜感病能力的作用。*BvMlo*8、*BvMlo*9、*BvMlo*4 位于第Ⅲ类群。第Ⅱ类群和第Ⅳ类群均不包含甜菜 *BvMlo*。*BvMlo*1、*BvMlo*2、*BvMlo*5、*BvMlo*7、*BvMlo*10 位于第Ⅵ类群,水稻、玉米、番茄、菠菜、拟南芥的抗性相关 *Mlo* 基因也位于此类群,故第Ⅵ类群中的甜菜 *BvMlo* 也有与甜菜抗病性相关的可能。

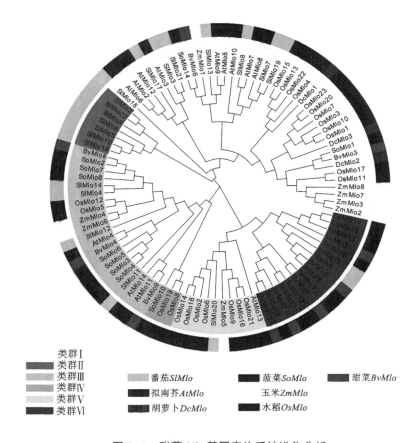

图 7-7　甜菜 *Mlo* 基因家族系统进化分析

7.3.2 甜菜褐斑病抗性相关 *Mlo* 基因克隆

7.3.2.1 RNA 的提取及检测

对所提 RNA 进行琼脂糖凝胶电泳检测,清晰可见 RNA28S、18S、5S 条带,28S 条带亮度是 18S 条带亮度的 2 倍,说明 RNA 未降解且质量较好。A_{260}/A_{280} 为 1.8~2.0,说明 RNA 纯度适宜且符合后续实验要求。

7.3.2.2 目的基因的选取

笔者实验室对 KWS9147 叶片甜菜褐斑病侵染实验转录组数据进行分析,如图 7-8 所示,*BvMlo*2、*BvMlo*7 相对表达量较高。这 2 个基因在生物信息学分析结果中位于第 Ⅵ 类群,具有甜菜抗性相关的可能。笔者根据 *BvMlo*2 与 *BvMlo*7 基因 CDS 序列部分片段设计引物,以甜菜叶片 cDNA 为模板进行扩增,扩增出 *BvMlo*2 基因片段 469 bp、*BvMlo*7 基因片段 420 bp(图 7-9),条带清晰明显,故选用 *BvMlo*2、*BvMlo*7 为目的基因进行后续实验。

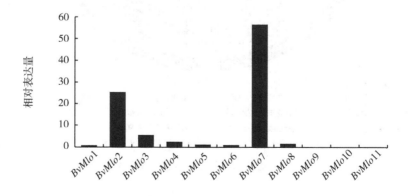

图 7-8 甜菜褐斑病侵染下 *BvMlo* 基因相对表达量

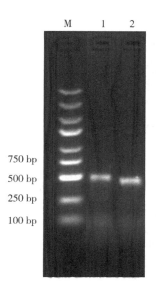

图 7-9 *BvMlo*2 与 *BvMlo*7 基因扩增验证

注:M 为 DL2 000 PLUS,1 为 *BvMlo*2 基因,2 为 *BvMlo*7 基因。

7.3.2.3 目的基因克隆

(1)目的基因 PCR 扩增

当甜菜幼苗长至四叶期时,提取叶片 RNA,反转录得到 cDNA 第 1 条链,以 cDNA 第 1 条链为模板,使用特异性引物对 *BvMlo*2、*BvMlo*7 进行扩增,分别获得长度约为 1 300 bp 和 800 bp 的 2 条目的条带,*BvMlo*2 和 *BvMlo*7 基因 PCR 扩增如图 7-10 所示。

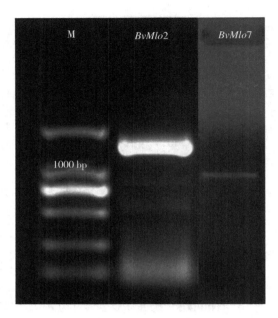

图 7-10　*BvMlo*2 和 *BvMlo*7 基因 PCR 扩增

注:M 为 DL2000 PLUS。

（2）目的基因克隆载体构建及转化

将扩增产物回收纯化后与 pCE-Zero vector 载体进行重组反应,将重组克隆转化进感受态细胞 DH5α,LB 固体培养基培养后挑选长势良好单菌落进行 LB 液体培养基摇菌培养并进行菌液 PCR 反应。如图 7-11 所示,2 个目的条带均略大于目的片段大小,约为 1 800 bp 和 900 bp,是阳性重组质粒。

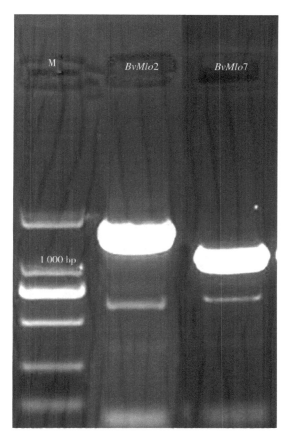

图 7-11　*BvMlo*2 基因和 *BvMlo*7 基因重组产物 PCR 验证

注:M 为 DL2 000 PLUS。

（3）目的基因酶切验证及测序

*BvMlo*2 和 *BvMlo*7 基因重组酶切验证结果如图 7-13 所示,克隆结果正确。笔者将含阳性重组质粒的菌液进行测序,得到 *BvMlo*2 完整 CDS 序列 1 374 bp 及 *BvMlo*7 完整 CDS 序列 870 bp,将序列与 NCBI 网站上获取的序列进行比对,结果表明,2 段序列一致性均超过 97%且具有完整的开放阅读框,可用作后续表达实验。

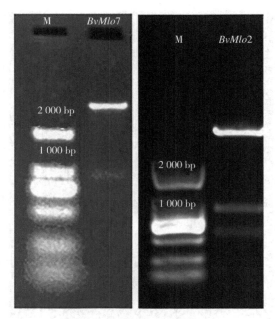

图 7-12   *BvMlo*2 和 *BvMlo*7 基因重组质粒酶切验证

注:M 为 DL2 000 PLUS。

7.3.3   甜菜褐斑病抗性相关 Mlo 基因表达分析

7.3.3.1   目的基因在甜菜尾孢菌诱导下不同时期的表达分析

如图 7-13 所示:*BvMlo*2 相对表达量在处理 3 d 时达到峰值,约为处理 0 h 的 6 倍;*BvMlo*7 相对表达量先呈现下调趋势,在处理 12 h 时相对表达量几乎为 0 并维持到 24 h,在 2 d 时相对表达量开始上调,于处理 3 d 时相对表达量下调,在处理 4 d 时相对表达量又上调,表现反复上调下调的趋势;*BvMlo*7 相对表达量在处理 4 d 时达到峰值,约为处理 0 h 的 2 倍。

总体来说,甜菜尾孢菌诱导后,*BvMlo*2 和 *BvMlo*7 相对表达量都在不同时间段发生了上调。此外,*BvMlo*7 在甜菜尾孢菌侵染后的 12 h 和 24 h 首先出现的相对表达量下调是否由植物本身的防御机制造成值得进一步探讨。

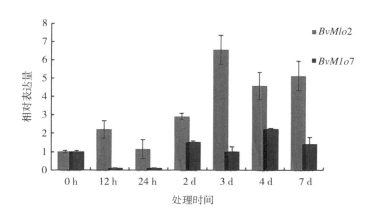

图 7-13 甜菜尾孢菌诱导下 *BvMlo*2 和 *BvMlo*7
在甜菜尾孢菌诱导下不同时期的相对表达量

7.3.3.2 目的基因在不同外源物质处理下的表达分析

顺式作用元件的分析结果表明，*BvMlo*2 和 *BvMlo*7 启动子区域都含有水杨酸、茉莉酸甲酯等激素应答元件以及防御应答元件等非生物胁迫应答元件，因此，笔者以处理 0 h 为对照，使用 100 μmol/L 水杨酸、100 μmol/L 茉莉酸甲酯对感病品种 KWS9147 进行喷施处理，探究 *BvMlo*2 和 *BvMlo*7 是否也在不同外源物质处理下呈现表达差异。

（1）*BvMlo*2 和 *BvMlo*7 在水杨酸处理下的表达分析

如图 7-14 所示：*BvMlo*7 在处理 4 h 时相对表达量约为处理 0 h 的 4 倍，在处理 8 h 时达到峰值（相对表达量约为处理 0 h 的 18 倍）；*BvMlo*2 相对表达量首先呈下调趋势，几乎不表达；*BvMlo*2 在处理 12 h 时相对表达量开始增加，但仍然低于处理 0 h 时的相对表达量，随后相对表达量又开始下降并维持一致。

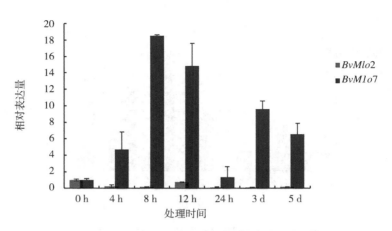

图 7-14 *BvMlo2* 和 *BvMlo7* 在水杨酸处理下的相对表达量

（2）*BvMlo2* 和 *BvMlo7* 在茉莉酸甲酯处理下的表达分析

如图 7-15 所示：*BvMlo2* 基本呈现持续下调趋势，在处理 5 d 时相对表达量几乎为 0；*BvMlo7* 在处理 4 h 相对表达量约为处理 0 h 时的 2 倍，在处理 8 h 时相对表达量下降，在处理 12 h 时相对表达量升高（约为处理 0 h 时的 5 倍），随后相对表达量开始呈现下调趋势。

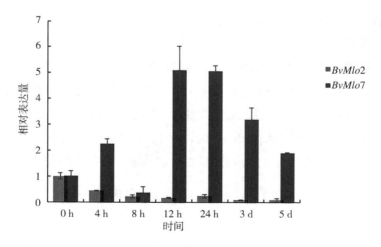

图 7-15 *BvMlo2* 和 *BvMlo7* 在茉莉酸甲酯处理下的相对表达量

7.4 讨论与结论

7.4.1 讨论

笔者共筛选出甜菜 *Mlo* 基因家族成员 10 个;染色体定位结果表明,这些基因并不只是定位在一条染色体上,而是分布在不同的 5 条染色体上。有学者对 174 个 *Mlo* 基因进行染色体定位,同样得到了这种不均衡的分布;许多植物都出现了基因簇,基因簇上的基因片段大量重复,存在着共线性关系。笔者在甜菜 *Mlo* 基因家族也发现了 2 个自然基因簇,这 2 个基因簇上的基因序列高度重复,基因序列重复是植物进化遗传的象征。本研究多序列比对结果中显示的大量的相似片段说明了这些基因保留了大量从祖先遗传的特征,在结构和功能上有着很高的相似性,这也从另一个方面印证了 *Mlo* 基因的高度保守性和同源性。

蛋白质由氨基酸组成,基因的遗传性突变增加了群体的遗传变异,导致部分氨基酸的化学组成和等电点产生差异,这些差异使蛋白质拥有不同的亲疏水性以及带电荷量并以此对蛋白质的结构和性质造成影响,此外,蛋白质的化学组成、亲水性、等电点、体积、脂肪性等特性也影响着非同义突变的速率。因此,对甜菜 *Mlo* 基因家族编码蛋白质进行理化性质分析,能有效帮助我们判断蛋白质的结构和功能。本研究表明,Leu 为主要的氨基酸。有学者在模式植物拟南芥中敲除了 Leu 降解过程所需的甲基巴豆酰辅酶 A 羧化酶基因以抑制 Leu 的降解,从而造成了植株种子萌发率下降、植株花果发育畸形和生长缓慢,说明 Leu 很有可能具有影响植株生长的功能。由此推测,甜菜 *Mlo* 基因家族编码蛋白质也可能参与调控植物的生长发育,这与前人实验结果相似。有学者发现在拟南芥花粉管与胚囊互作过程中,*AtMlo*7 突变会降低拟南芥植株的繁殖能力,*AtMlo*4 与 *AtMlo*11 基因突变可能导致拟南芥根系弯曲和畸形。本研究表明,甜菜 *Mlo* 基因家族编码大多数蛋白质的碱性氨基酸个数多于酸性氨基酸个数且等电点变化较小,等电点为 6.23~9.14。这个结果同样适用于谷子、烟草等植物,说明这是 Mlo 蛋白普遍的特性。甜菜 *Mlo* 基因家族编码蛋白质多数表现为疏水性,位于磷脂双分子层内侧,可能形成 α-螺旋结构以维持其稳定性。笔者

进一步对甜菜 *Mlo* 基因家族编码蛋白质二级结构、三级结构、跨膜结构域进行预测,结果表明,甜菜 *Mlo* 基因家族编码蛋白质二级结构中 α-螺旋占比最大,其次为无规则卷曲;*BvMlo*4 编码蛋白质具有 6 个跨膜结构域,*BvMlo*10 编码蛋白质有 4 个跨膜结构域,其他成员有 7 个跨膜结构域,这也证实了跨膜结构域在不同植物中的数量存在着差异性,并不全表现为 7 个跨膜结构域。根据以上结果推测,BvMlo 蛋白是甜菜膜蛋白,在信号转导、物质运输或细胞增殖分化上的作用和功能或成为新的研究方向。

顺式作用元件能够影响植物自身基因的表达,在响应非生物和生物胁迫中起到重要的作用。这些基因的表达量变化,可以提高植株的抗虫性、抗旱能力、抗低温能力。一些顺式作用元件能使基因在不同植物组织部位中表达,促进植物维生素的合成,能够影响植物的生长发育并改良植物品质。本研究表明,*BvMlo* 基因的启动子区域存在水杨酸、茉莉酸甲酯等激素类应答元件,推测在这些激素的诱导下,可能引起 *BvMlo* 基因表达发生变化;非生物胁迫应答元件的存在说明 *BvMlo* 基因的表达可能受到更多的因素的调节,此外,*BvMlo* 基因中还含有胚乳表达应答元件,说明该基因可能在植物中特定的组织中表达,这与有学者在拟南芥研究中发现 *AtMlo* 基因可影响根茎形态、在雌雄配子体的助细胞中表达、在细胞通信中发挥作用的结果一致。甜菜 *Mlo* 基因家族信号肽预测结果表明,只有 *BvMlo*10 有信号肽。信号肽是编码分泌蛋白基因中 5' 末端的疏水性肽段,是蛋白质中氨基末端的短氨基酸序列;植物信号肽参与细胞间通信网络并广泛协调植物生长发育过程;信号肽通常与受体样激酶结合,诱导与共受体发生二聚化,从而激活信号转导,继而触发细胞信号转导和生物反应。由此可以推测,除 *BvMlo*10 以外,甜菜 *Mlo* 基因家族的其他成员均编码合成内源性蛋白并直接作用于植物细胞内。*BvMlo*10 有可能作为分泌蛋白参与甜菜生命过程或在细胞间起到激活信号通路的作用,对其功能性的猜想还有待进一步研究证实。研究表明,蛋白质大部分磷酸化发生在丝氨酸上;这与本研究中甜菜 *Mlo* 基因家族蛋白磷酸化位点分析结果一致。蛋白磷酸化过程通过蛋白质激酶调控,每一种蛋白质激酶以共价的形式将一个磷酸基团连接到丝氨酸、苏氨酸或酪氨酸的氨基酸侧链上,能够丰富蛋白质在细胞信号和生理功能上的多样性,改变蛋白质功能或者稳定性。对于植物来说,蛋白磷酸化往往在植物生长发育过程中具有重要的作用,不仅参与调控植物种子萌发过程,还能在逆境胁迫下影响植物的防御响应。因此,推测甜菜 *Mlo* 基因家族可能通过蛋白磷酸化提高甜菜在逆境胁迫下的抗性并维持蛋白质自身的稳定性。

系统进化分析结果表明,*BvMlo*3 与 *BvMlo*6 与已报道的易感病相关的拟南芥 *AtMlo*2、*AtMlo*6、*AtMlo*12 位于第 Ⅰ 类群,推测这 2 个基因也可能与白粉病的互作相关,但由于类群中还存在着许多并不具有白粉病相关功能性的基因,如水稻 *OsMlo*23、番茄 *SlMlo*16,所以还需要进一步的研究确认。在第 Ⅰ 类群中,还存在着与拟南芥繁殖能力有关的基因 *AtMlo*7,这意味着 *BvMlo*3 和 *BvMlo*6 也可能在甜菜的生长发育过程中起到作用。*BvMlo*8、*BvMlo*4 和 *BvMlo*9 位于第 Ⅲ 类群,该类群上还包含着单子叶植物水稻 *OsMlo*12 和 *OsMlo*5 基因、玉米 *ZmMlo*4 和 *ZmMlo*6 基因以及双子叶植物番茄、菠菜、拟南芥 *Mlo* 基因,具有不同来源的单双子叶混合类群显示了 *Mlo* 基因在不同物种中的情况,推测 *Mlo* 基因在单双子叶上的差异可能是由于不同物种在进化中产生遗传差异,但总体来说,*Mlo* 基因家族仍保持着高度的保守性。与拟南芥根系生长相关的 *AtMlo*4 与 *AtMlo*11 基因也位于第 Ⅲ 类群,由此推测 *BvMlo*4、*BvMlo*8、*BvMlo*9 可能在甜菜不同组织中发生特异性表达。第 Ⅵ 类群是 *BvMlo* 基因占比最多的类群,*BvMlo*1、*BvMlo*2、*BvMlo*5、*BvMlo*7、*BvMlo*10 与番茄白粉病易感基因 *SlMlo*1 基因都位于此类群中,说明这 5 个基因可能与甜菜抗病性相关;这 5 个基因翻译的蛋白均为疏水性的稳定蛋白,其中甜菜 *BvMlo* 基因和菠菜 *SoMlo* 基因亲缘关系最近,这与植物学分类结果相同,且 *BvMlo*10 是甜菜 *Mlo* 基因家族中唯一预测含有信号肽的基因,说明 *BvMlo*10 可能参与一些抗逆境胁迫反应及信号转导。

植物生长发育及产量受到多方面因素的影响。随着基因工程技术的开展,在植物抗性分子育种方面,研究人员也发现了许多新方法,例如:利用基因克隆技术将抗性相关基因转移到目的植物中,或者以基因工程技术为基础构建表达载体,探讨基因在植物生命活动中的作用。*Mlo* 基因是在大麦中发现的白粉病感病因子,但其具体的功能作用在不同的作物上存在着一定的差异。为了探究 *Mlo* 基因在不同作物中的功能,研究人员对不同作物 *Mlo* 基因家族展开了许多以基因克隆为基础的研究。有学者克隆了番茄 *SlMlo*1 基因,通过基因沉默实验发现 *SlMlo*1 基因功能的丧失会使辣椒增强对白粉病的抗性。有学者从野生型豌豆中克隆出豌豆 *PsMlo*1 基因,通过瞬时表达实验证明了 *PsMlo*1 基因对白粉病菌的敏感性。有学者鉴定出 20 个南瓜 *CpeMlo* 基因,发现南瓜 *CpeMlo*1、

*CpeMlo*2 和 *CpeMlo*5 均参加了耐药反应,但其在南瓜耐药植株和感病植株中表现出相反的表达模式。以上结果说明,作为植物特异性抗性基因,*Mlo* 基因功能的丧失及其等位基因可以赋予单子叶植物或者双子叶植物对白粉病广谱性的抗性,由此可以推测,对于其他的真菌病害,*Mlo* 基因也可能存在相同的功能。此外,作为基因工程技术中获得目的片段的重要手段,克隆不同作物的 *Mlo* 基因为后续基因的表达、沉默、遗传转化等实验奠定了基础。

笔者对甜菜易感病品种 KWS9147 的 *Mlo* 基因 *BvMlo*2 与 *BvMlo*7 进行克隆,并设计了表达实验,以验证 *Mlo* 基因可能也参与其他真菌病害的猜想。此外,在今后的实验中,也可使用 CRISPR/CAS 和 TILLING 非转基因方法人工产生 *BvMlo* 的突变等位基因 *mlo* 以探究抗病机制。除了抑制免疫反应以外,*Mlo* 基因的隐性突变基因 *mlo* 可能会以非种族的方式阻止营养真菌在植物细胞中进行渗透。有学者在梨中使用 qPCR 表达谱分析,发现梨 *PbrMlo*23 在花粉中高度表达,证明了 *PbrMlo*23 在抑制花粉管生长方面发挥着功能作用,由此推测 *Mlo* 基因可能并不仅仅影响植物病害。

甜菜尾孢菌诱导下,*BvMlo*2 相对表达量在处理 3 d 时达到峰值,约为处理 0 h 的 6 倍;*BvMlo*7 相对表达量先呈现下调趋势,在处理 12 h 时相对表达量几乎为 0 并维持到 24 h,在 2 d 时相对表达量开始上调,于处理 3 d 时相对表达量下调,在处理 4 d 时相对表达量又上调,表现反复上调下调的趋势;*BvMlo*7 相对表达量在处理 4 d 时达到峰值,约为处理 0 h 的 2 倍。研究人员在辣椒 *CaMlo*1 与 *CaMlo*2 的研究中发现,*CaMlo*2 在感染后表达上调的时间更早;基因沉默实验表明,*CaMlo*1 与 *CaMlo*2 都参与了辣椒对真菌的敏感性。拟南芥的研究表明,不同的 *AtMlo* 基因具有不同的表达模式,说明不是每个 *Mlo* 基因都在同一时间参与反应,这与笔者实验结果类似。根据本研究中 *BvMlo*2 和 *BvMlo*7 基因表达量的提高,可以推测这 2 个基因都参与了甜菜褐斑病感染阶段的抗性反应并与甜菜褐斑病的易感性有关,且 *BvMlo*2 基因可能对甜菜褐斑病的响应更敏感。

植物激素往往会对甜菜造成影响。研究表明,外源水杨酸可显著减轻缺水对甜菜造成的不利影响,并且在缺水条件下增加根糖含量和糖产量。研究表明,茉莉酸甲酯处理能改变甜菜内脯氨酸生物合成和分解代谢基因的表达,可以减轻甜菜根部在脱水环境下的应激反应。研究表明,土壤中 Na 含量的降低能有效提高甜菜根部蔗糖含量和质量,减少糖损失产量。因此,探讨甜菜 *Mlo*

基因家族在外部条件影响下的表达量变化能有效地帮助我们推测甜菜 *Mlo* 基因家族是否参与相应的胁迫反应,进而提高甜菜的耐受能力或减少产量损失。研究表明,在不同外源物质的处理下,*BvMlo*2 与 *BvMlo*7 具有不同的表达情况,在水杨酸和茉莉酸甲酯处理下,*BvMlo*2 几乎不在甜菜中表达,*BvMlo*7 大量表达。有学者对橡胶外源施用乙烯利,发现 *HbMlo*12 表达量明显增加,茉莉酸甲酯处理和干旱胁迫使 *HbMlo*12 表达量下调;这说明 *Mlo* 基因可能不同程度地参与植物的生命活动及胁迫响应。

进行抗性分子育种研究是保证甜菜品质的重要手段。对抗性基因进行持续鉴定是实现可持续性育种并将抗性基因结合到现代品种中的有效方法。通过分子标记(如 SNP)对甜菜易感病品种进行测序能更广泛地选择优质甜菜品种,进而起到更好控制疾病的作用。笔者选用甜菜易感病品种 KWS9147 进行研究,探讨 *Mlo* 基因表达,为甜菜抗性育种提供一种新的角度。*BvMlo*2 和 *BvMlo*7 功能的确定还需要在后续通过基因沉默、人工突变、基因敲除等方法进行证实。由此推测,在今后的育种中,除增强甜菜抗病能力外,也可选择通过降低感病能力而获得不易感病的新品种以应用于甜菜的生产之中。在甜菜尾孢菌感染初期,*BvMlo*7 还存在着一段时间的相对表达量下调的现象,推测除了扮演感病因子的角色外,其在感病过程中可能也扮演着其他的功能,表达量也可能受到植株自身免疫反应或者外界环境的影响,其功能还需进一步的探究。植物激素是探索植物机理的重要方式之一,通过外施激素研究植株的响应方式有助于理解 *Mlo* 基因在植物复杂的信号网络中起到的作用、了解植物的调节途径,进而深入地理解抗病机制。除此之外,非生物胁迫对甜菜抗病性的影响是否可以通过引起植物相关功能基因变化而产生也需要进一步证实。本研究表明:*BvMlo*2 和 *BvMlo*7 在生物和非生物胁迫下呈现出不同的表达模式,推测其可能具有参与胁迫响应的功能;由于表达模式的不同,进一步推测 *BvMlo*2 和 *BvMlo*7 的表达也许受到生物和非生物胁迫的双重调节,但这些功能还未可知,仍需要在今后的实验中进行验证。本研究对了解 *Mlo* 基因功能以及抗病品种的研发具有重要的意义,为后续甜菜 *Mlo* 的抗性研究奠定基础。

7.4.2　结论

水杨酸处理下,*BvMlo*7 在处理 4 h 时相对表达量约为处理 0 h 的 4 倍,在处理 8 h 时达到峰值;*BvMlo*2 在处理 12 h 时相对表达量开始增加,但仍低于处理 0 h 的相对表达量,随后表达量又开始下降并维持一致。茉莉酸甲酯处理下, *BvMlo*2 基本呈现下调趋势;*BvMlo*7 在处理 4 h 相对表达量约为处理 0 h 的 2 倍, 在处理 8 h 时相对表达量下降。甜菜尾孢菌诱导下,*BvMlo*2 相对表达量在处理 3 d 时达到峰值,*BvMlo*7 相对表达量在处理 4 d 时达到峰值。

参考文献

[1] JIWAN D,ROALSON E H,MAIN D,et al. Antisense expression of peach mildew resistance locus O(*PpMlo*1) gene confers cross-species resistance to powdery mildew in *Fragaria x ananassa*[J]. Transgenic Research,2013,22:1119-1131.

[2] CONSONNI C,HUMPHRY M E,HARTMANN H A,et al. Conserved requirement for a plant host cell protein in powdery mildew pathogenesis[J]. Nature Genetics,2006,38:716-720.

[3] AIST J R,GOLD R E,BAYLES C J. Evidence that molecular components of papillae may be involved in ml-o resistance to barley powdery mildew [J]. Physiological & Molecular Plant Pathology,1988,33:17-32.

[4] WOLTER M,HOLLRICHER K,SALAMINI F,et al. The *mlo* resistance alleles to powdery mildew infection in barley trigger a developmentally controlled defence mimic phenotype [J]. Molecular and General Genetics MGG, 1993, 239: 122-128.

[5] PIFFANELLI P,ZHOU F S,CASAIS C,et al. The barley MLO modulator of defense and cell death is responsive to biotic and abiotic stress stimuli[J]. Plant Physiology,2002,129:1076-1085.

[6] KESSLER S A,SHIMOSATO-ASANO H,KEINATH N F,et al. Conserved molecular components for pollen tube reception and fungal invasion[J]. Science, 2010,330(6006):968-971.

[7] CHEN Z Y,NOIR S,KWAAITAAL M,et al. Two seven-transmembrane domain mildew resistance locus o proteins cofunction in *Arabidopsis* root thigmomorphogenesis[J]. The Plant Cell,2009,21(7):1972-1991.

[8] RISPAIL N, RUBIALES D. Genome−wide identification and comparison of legume *MLO* gene family[J]. Scientific Reports, 2016, 6:32673.

[9] HINZE K, THOMPSON R D, RITTER E, et al. Restriction fragment length polymorphism−mediated targeting of the ml−o resistance locus in barley (Hordeum vulgare)[J]. Proceedings of the National Academy of Sciences, 1991, 88(9): 3691−3695.

[10] DEVOTO A, HARTMANN H A, PIFFANELLI P, et al. Molecular phylogeny and evolution of the plant−specific seven−transmembrane MLO family[J]. Journal of Molecular Evolution, 2003, 56:77−88.

[11] SCHAUSER L, WIELOCH W, STOUGAARD J. Evolution of NIN−like proteins in *Arabidopsis*, rice, and *Lotus japonicus*[J]. Journal of Molecular Evolution, 2005, 60:229−237.

[12] DEVOTO A, PIFFANELLI P, NILSSON I, et al. Topology, subcellular localization, and sequence diversity of the Mlo family in plants[J]. Journal of Biological Chemistry, 1999, 274(49):34993−35004.

[13] ZHOU S J, JING Z, SHI J L. Genome−wide identification, characterization, and expression analysis of the *MLO* gene family in *Cucumis sativus*[J]. Genetics and Molecular Research, 2013, 12(4):6565−6578.

[14] TEMPLE B R S, JONES A M. The plant heterotrimeric G−Protein complex[J]. Annual Review of Plant Biology, 2007, 58:249−266.

[15] PANSTRUGA R. Discovery of novel conserved peptide domains by ortholog comparison within plant multi−protein families[J]. Plant Molecular Biology, 2005, 59:485−500.

[16] KIM M C, LEE S H, KIM J K, et al. Mlo, a modulator of plant defense and cell death, is a novel calmodulin−binding protein isolation and characterization of a rice Mlo homologue[J]. Journal of Biological Chemistry, 2002, 277(22): 19304−19314.

[17] DESHMUKH R, SINGH V K, SINGH B D. Comparative phylogenetic analysis of genome−wide Mlo gene family members from *Glycine max* and *Arabidopsis thalia*[J]. Molecular Genetics and Genomics, 2014, 289:345−359.

[18]KUSCH S,PESCH L,PANSTRUGA R. Comprehensive phylogenetic analysis sheds light on the diversity and origin of the MLO family of integral membrane proteins[J]. Genome Biology and Evolution,2016,8(3):878-895.

[19]BHAT R A,MIKLIS M,SCHMELZER E,et al. Recruitment and interaction dynamics of plant penetration resistance components in a plasma membrane microdomain[J]. Proceedings of the National Academy of Sciences,2005,102(8):3135-3140.

[20]SHIRASU K,NIELSEN K,PIFFANELLI P,et al. Cell-autonomous complementation of *mlo* resistance using a biolistic transient expression system[J]. The Plant Journal,1999,17(3):293-299.

[21]LIM M C,PANSTRUGA R,ELLIOTT C,et al. Calmodulin interacts with MLO protein to regulate defence against mildew in barley[J]. Nature,2002,416:447-451.

[22]ELLIOTT C,ZHOU F,SPIELMEYER W,et al. Functional Conservation of Wheat and Rice Mlo Orthologs in Defense Modulation to the Powdery Mildew Fungus[J]. Moleculat Plant Microbe Interactopns,2002,15(10):1069-1077.

[23]CONSONNI C,HUMPHRY M,HARTMANN H A,et al. Conserved requirement for a plant host cell protein in powdery mildew pathogenesis[J]. Nature Genetics,2006,38,716-720.

[24]APPIANO M,PAVAN S,CATALANO D,et al. Identification of candidate *MLO* powdery mildew susceptibility genes in cultivated Solanaceae and functional characterization of tobacco *NtMLO*1 [J]. Transgenic Research, 2015, 24:847-858.

[25]FUJIMURA T,SATO S,TAJIMA T,et al. Powdery mildew resistance in the Japanese domestic tobacco cultivar Kokubu is associated with aberrant splicing of *MLO* orthologues[J]. Plant Pathology,2016,65(8):1358-1365.

[26]EDWARDS K D,FERNANDEZ-POZO N,DRAKE-STOWE K,et al. A reference genome for *Nicotiana tabacum* enables map-based cloning of homeologous loci implicated in nitrogen utilization efficiency[J]. BMC Genomics,2017,18(1):448.

[27]CHENG H,KUN W,LIU D S,et al. Molecular cloning and expression analysis of *CmMlo*1 in melon[J]. Molecular Biology Reports,2012,39:1903–1907.

[28]PESSINA S,ANGELI D,MARTENS S,et al. The knock–down of the expression of *MdMLO*19 reduces susceptibility to powdery mildew (*Podosphaera leucotricha*) in apple(*Malus domestica*)[J]. Plant Biotechnology Journal,2016,14 (10):2033–2044.

[29]YAO Y H,DAI Q,LI L,et al. Similarity/dissimilarity studies of protein sequences based on a new 2D graphical representation[J]. Journal of Computational Chemistry,2010,31(5):1045–1052.

[30]XIA X H,LI W H. What amino acid properties affect protein evolution? [J]. Journal of Molecular Evolution,1998,47(5):557–564.

[31]DING G,CHE P,ILARSLAN H,et al. Genetic dissection of methylcrotonyl CoA carboxylase indicates a complex role for mitochondrial leucine catabolism during seed development and germination[J]. The Plant Journal,2012,70(4): 562–577.

[32]ACEVEDO – GARCIA J, KUSCH S, PANSTRUGA R. Magical mystery tour: MLO proteins in plant immunity and beyond[J]. New Phytologist,2014,204 (2):273–281.

[33]LI H P,WANG Z J,HAN K H,et al. Cloning and functional identification of a *Chilo suppressalis*–inducible promoter of rice gene,*OsHPL*2[J]. Pest Management Science,2020,76(9):3177–3187.

[34]LI S G,ZHANG N,ZHU X,et al. Enhanced drought tolerance with artificial microRNA–mediated *StProDH*1 gene silencing in potato[J]. Crop Science,2020, 60(3):1462–1471.

[35]CHE Y Z,ZHANG N,ZHU X,et al. Enhanced tolerance of the transgenic potato plants overexpressing Cu/Zn superoxide dismutase to low temperature[J]. Scientia Horticulturae,2020,261:108949.

[36]XU Z S,YANG Q Q,FENG K,et al. *DcMYB*113,a root–specific R2R3–MYB, conditions anthocyanin biosynthesis and modification in carrot[J]. Plant Biotechnology Journal,2020,18(7):1585–1597.

[37] HIGGINSON T, LI S F, PARISH R W. *AtMYB*103 regulates tapetum and trichome development in *Arabidopsis thaliana*[J]. The Plant Journal, 2003, 35, 177-192.

[38] DAVIS T C, JONES D S, DINO A J, et al. *Arabidopsis thaliana MLO* genes are expressed in discrete domains during reproductive development[J]. Plant Reproduction, 2017, 30: 185-195.

[39] OLSEN J V, BLAGOEV B, GNAD F, et al. Global, in vivo, and site-specific phosphorylation dynamics in signaling networks [J]. Cell, 2006, 127 (3): 635-648.

[40] SEOK S H. Structural insights into protein regulation by phosphorylation and substrate recognition of protein kinases/phosphatases [J]. Life. 2021: 11 (9): 957.

[41] NISHIMURA N, TSUCHIYA W, MORESCO J J, et al. Control of seed dormancy and germination by DOG1-AHG1 PP2C phosphatase complex via binding to heme[J]. Nature Communications, 2018, 9: 2132.

[42] VISWANATHAN C, ZHU J K. Molecular genetic analysis of cold-regulated gene transcription[J]. Philosophical Transactions of the Royal Society B, 2002, 357: 877-886.

[43] ZHENG Z, APPIANO M, PAVAN S, et al. Genome-wide study of the tomato *SlMLO* gene family and its functional characterization in response to the powdery mildew fungus *Oidium neolycopersici*[J]. Frontiers in Plant Science, 2016, 7: 380.

[44] BAI Y L, PAVAN S, ZHENG Z, et al. Naturally occurring broad-spectrum powdery mildew resistance in a central american tomato accession is caused by loss of *Mlo* function[J]. Molecular plant microbe interactions, 2008, 21: 30-39.

[45] GIL-HUMANES J, WANG Y P, LIANG Z, et al. High-efficiency gene targeting in hexaploid wheat using DNA replicons and CRISPR/Cas9 [J]. The Plant Journal, 2017, 89(6): 1251-1262.

[46] ACEVEDO-GARCIA J, SPENCER D, THIERON H, et al. Mlo-based powdery mildew resistance in hexaploid bread wheat generated by a non-transgenic

TILLING approach[J]. Plant Biotechnology Journal,2017,15(3):367-378.

[47]YAENO T,WAHARA M,NAGANO M,et al. RACE1,a Japanese *Blumeria graminis* f. sp. *hordei* isolate,is capable of overcoming partially mlo-mediated penetration resistance in barley in an allele-specific manner[J]. PLoS ONE, 2021,16(8):e0256574.

[48]GUO B B,LI J M,LIU X,et al. Identification and expression analysis of the *PbrMLO* gene family in pear,and functional verification of *PbrMLO*23[J]. Journal of Integrative Agriculture,2021,20(9):2410-2423.

[49]ZHENG Z,NONOMURA T,APPIANO M,et al. Loss of function in Mlo orthologs reduces susceptibility of pepper and tomato to powdery mildew disease caused by *Leveillula taurica*[J]. PLoS ONE,2013,8(7):e70723.

[50]GHAFFARI H,TADAYON M R,RAZMJOO J,et al. Impact of jasmonic acid on sugar yield and physiological traits of sugar beet in response to water deficit regimes:using stepwise regression approach[J]. Russian Journal of Plant Physiology,2020,67:482-493.

[51]ALOTAIBI F S,BAMAGOOS A A,ISMAEIL F M,et al. Application of beet sugar byproducts improves sugar beet biofortification in saline soils and reduces sugar losses in beet sugar processing[J]. Environmental Science and Pollution Research,2021,28:30303-30311.

[52]QIN B,WANG M,HE H X,et al. Identification and characterization of a potential candidate *Mlo* gene conferring susceptibility to powdery mildew in rubber tree[J]. Phytopathology,2019,109(7).

[53]RAVI S,HASSANI M,HEIDARI B,et al. Development of an SNP assay for marker-assisted selection of soil-borne *Rhizoctonia solani* AG-2-2-IIIB resistance in sugar beet[J]. Biology,2022,11(1):49.

[54]WINTERHAGEN P,HOWARD S F,QIU W P,et al. Transcriptional up-regulation of grapevine *mlo* genes in response to powdery mildew infection[J]. American Journal of Enology and Viticulture,2008,59:159-168.

[55]HOWLADER J,PARK J I,KIM H T,et al. Differential expression under *Podosphaera xanthii* and abiotic stresses reveals candidate MLO family genes in

Cucumis melo L[J]. Tropical Plant Biology,2017,10:151−168.

[56] ZHU L,LI Y M,LI J T,et al. Genome−wide identification and analysis of the *MLO* gene families in three *Cucurbita* species[J]. Czech Academy Of Agricultural Sciences,2021,57:119−123.

[57] 何海霞,张宇,王萌,等. 巴西橡胶树(*Hevea brasiliensis*)*HbMlo*7 基因克隆与表达分析[J]. 植物生理学报,2016,52(6):917−925.

[58] 张宇. 橡胶树白粉菌侵染生理响应及相关抗性基因表达分析研究[D]. 海口:海南大学,2015.

[59] 史建磊,万红建,熊自立,等. 不同植物 *Mlo* 基因全基因组鉴定及系统进化分析[J]. 基因组学与应用生物学,2020,39(8):3541−3553.

[60] 向贵生,王开锦,晏慧君,等. 蔷薇科植物 MLO 蛋白家族的生物信息学分析[J]. 基因组学与应用生物学,2018,37(5):2043−2059.

[61] 张孝廉,张吉顺,余世洲,等. 烟草 *NtMLO* 家族全基因组序列鉴定及表达分析[J]. 植物生理学报,2019,55(11):1705−1720.

[62] 刘宝玲,孙岩,郝青婷,等. 谷子 MLO 家族的全基因组鉴定和表达谱分析[J]. 核农学报,2018,32(8):1492−1501.

[63] 陈玲,邱显钦,张颢,等. 不同物种 *Mlo* 基因生物信息学分析[J]. 西南农业学报,2012,25(4):1302−1308.

[64] 徐金龙,张文静,向凤宁. 植物盐胁迫诱导启动子及其顺式作用元件研究进展[J]. 植物生理学报,2021,57(4):759−766.

[65] 王晏青. 葡萄抗白粉病相关基因 *Mlo* 的克隆与功能研究[D]. 杨凌:西北农林科技大学,2016.

8 甜菜 *BTB* 基因表达 与甜菜褐斑病抗性的相关分析

8.1 研究背景

8.1.1 *BTB* 基因家族中 *NPR1* 基因在植物抗病中的地位

BTB 基因家族在拟南芥中有 150 个成员,在水稻中有 80 个成员。*BTB* 基因家族在植物生长发育、细胞周期调控、细胞骨架组成、抗病性、抗逆性等方面具有重要作用。*NPR1* 是植物 *BTB* 基因家族中重要的基因,该基因含有 BTB 结构域。研究表明,过量表达 *NPR1* 基因能增强对病害的抗性,*NPR1* 可以调控拟南芥的系统并获得性抗性,核定位的 *NPR1* 与 TGA 转录因子互作能活跃抗性基因。在拟南芥中,过量表达 *NPR1* 对菊科白粉菌、丁香假单胞菌、寄生霜霉菌都有一定的抗性;在转基因番茄中,*AtNPR1* 过量表达表现出对病原菌的广谱抗性;*CsBTB* 基因在黄瓜组织中表现出不同的表达模式,其表达受冷胁迫、盐胁迫和干旱胁迫的调控。*CaBPM4* 沉默降低了辣椒对疫霉的抗性程度,方式为改变防御相关基因 *CaPR1*、*CaDEF1*、*CaSAR82* 的转录水平以及降低根系活性。在单子叶植物中,过量表达 *AtNPR1* 会使植物抵御病原体的能力显著增强。在小麦中,过量表达 *AtNPR1* 显著提高了对小麦赤霉病菌的抵御能力,这表明单子叶植物与双子叶植物可能有相同的 *NPR1* 抗病调控途径。GmBTB 是一种新的 BTB 结构域的核蛋白,可以正向调控大豆对大豆疫霉感染的反应;过量表达 *GmBTB* 可以提高对大豆疫霉的抗性。

8.1.2 *BTB* 基因家族中 *NPR1* 基因与 TGA 转录因子互作的研究

亚细胞定位结果表明,*NPR1* 参与抗病基因表达,在细胞中进行组成型表达。当病原体侵染植株时,植物细胞膜内外的氧化还原电位产生变化;随着二硫键断裂,细胞质中的多聚体 NPR1 最先解聚并组成 NPR1 活跃单体,然后进入细胞核,和某些 TGA 转录因子结合参与直接互作,引诱下游抗病基因表达。*NPR1* 不仅仅调节抗病基因的表达,还诱导表达与分泌蛋白有关的基因。

笔者对甜菜 *BTB* 基因家族进行生物信息学分析,研究基因结构及功能;对甜菜尾孢菌的转录组测序结果进行分析,进行接种甜菜尾孢菌实验和 qPCR 检测,找出抗病相关的 *BTB* 基因,弄清 *BvBTB* 基因的鉴定及筛选过程,筛选互作表达最显著的 *BvBTB* 基因,进行与甜菜褐斑病的抗性分析;从 Genbank 上获取筛选的 *BvBTB* 基因的 CDS,获得目的条带;选取 2 个材料[F85621(抗病材料)和 KW9147(感病材料)],对比 2 个材料在未处理下以及用不同浓度甜菜尾孢菌孢子悬浮液侵染叶片在不同时间段时根与叶 *BvBTB* 基因相对表达量,揭示 *BvBTB* 基因是否存在组织特异性,弄清甜菜 *BvBTB* 基因与甜菜褐斑病抗性的相关关系;通过对甜菜 *BvBTB* 基因功能预测及表达综合分析,揭示 *BvBTB* 基因如何调控甜菜的生命活动及甜菜在病原体侵染后的抗病分子机制。

本研究的意义:一是揭示 *BvBTB* 基因对甜菜褐斑病抗性的相关研究,为进一步研究甜菜 *BvBTB* 基因的作用机理提供理论依据,二是了解 *BvBTB* 相对表达量与抗病性间的关系,可以为甜菜 *BTB* 基因家族应对褐斑病的防御机制提供理论依据;三是揭示 *BvBTB* 基因对甜菜褐斑病的抗性强弱,为新抗病品种的研发及培育甜菜转基因抗性品种奠定基础。

8.2　材料与方法

8.2.1　材料、培养基

8.2.1.1　材料

抗病材料为 F85621,感病材料为 KWS9147。

选取籽粒大小均匀且饱满的甜菜 F85621 多胚种子并在流水中冲洗,用蒸馏水浸泡种子过夜。用 0.2% 福美霜溶液泡 30min,然后用蒸馏水洗净,随后风干 30 min,将风干种子种植在盛满黑土的塑料盆中,在温度为 25 ℃、相对湿度为 70%、光照/黑暗周期为 24 h/12 h 条件下生长 60 d。

从黑龙江大学呼兰校区实验田中,选取患有褐斑病的甜菜,从中分离获得甜菜尾孢菌,在 25 ℃ 的 PDA 培养基上培养 15 d,进行形态学观察和分子鉴定。

8.2.1.2 培养基

0.1%DEPC 处理水:取 1 mL 的 DEPC 试剂,用蒸馏水定容至 1 L,摇床过夜至次日,经高压灭菌 30 min 后,配制试剂可用。

LB 固体培养基(100 mL):取胰蛋白胨 1 g、琼脂粉 1.5 g、氯化钠 1 g、酵母粉 0.5 g,加蒸馏水定容至 100 mL。

LB 液体培养基(100 mL):取氯化钠 1 g、胰蛋白胨 1 g、酵母粉 0.5 g,加蒸馏水定容至 100 mL。

PDA 固体培养基:取葡萄糖 20 g、马铃薯 200 g、琼脂 20 g,加蒸馏水定容至 100 mL。

8.2.2 方法

8.2.2.1 甜菜 *BTB* 基因家族生物信息学分析

(1)甜菜 *BTB* 基因家族编码蛋白质理化性质分析

利用 SMART 数据库获得甜菜所有包含 BTB 结构域的蛋白质并通过 NCBI 和 Pfam 数据库验证,获得 *BvBTB* 基因序列和 BvBTB 蛋白序列。利用拟南芥基因组数据库获得拟南芥 *BTB* 基因序列和 BTB 蛋白序列。使用在线软件 pI/Mw 对所获得的 49 个甜菜 *BTB* 基因家族编码蛋白质理化性质进行分析。

(2)甜菜 *BTB* 基因家族结构特征

在 ensemblgenomes 下载已鉴定的甜菜 *BTB* 基因家族的 DNA 序列和 CDS 序列,用 GSDS 制作基因结构图。

(3)甜菜 *BTB* 基因家族编码蛋白质结构域和三级结构预测

将获得的蛋白序列利用 SMART、NCBI Conserved Domain search、Pfam 分析,利用 TBtools 预测甜菜 *BTB* 基因家族编码蛋白质结构域,利用 SWISS−MODEL 预测蛋白质三级结构。

(4)甜菜 *BTB* 基因家族染色体定位

在 ensemblgenomes 获得基因的位置信息,通过 MG2C 展示基因的染色体定位图。

（5）甜菜 *BTB* 基因家族系统进化分析

利用 Clustal Omega program 对甜菜 49 个 BTB 蛋白家族成员及拟南芥 81 个 BTB 蛋白家族成员（AtBTB）进行多序列比对分析，利用 evolview 构建系统进化树，重复次数为 1 000 次，结合 evolview 构建甜菜与拟南芥系统进化树，确定蛋白结构域并进行分类。

8.2.2.2 *BvBTB* 基因表达分析

（1）试验引物与方法

BvBTB 扩增引物如表 8-1 所示。总 RNA 反转录体系如表 8-2 所示。总 RNA 反转录反应程序如表 8-3 所示。

表 8-1　*BvBTB* 扩增引物

基因引物	引物序列(5′-3′)	用途
*BvBTB*1 扩增引物	F：ATGATGAGTGCAACAGCGTTGAACCCT	基因扩增
	R：TTAAGAAATGGAGAACCTTCTTCTCCTTGG	
*BvBTB*2 扩增引物	F：ATGGGGTCCAAGGAGTGGC	基因扩增
	R：CTAATTTAGAGCATTAGGCTTGGTAAGTAACCT	
*BvBTB*3 扩增引物	F：TCTCCCAATGTTACACCACAAC	基因扩增
	R：GTTACCAAAGATGATCGAGTAGC	
*BvBTB*1 荧光引物	F：GAGTACATGCCTCACAGAACAAGCG	qPCR
	R：TCGTTGGCTCCACTCCTTAGCTTTA	
*BvBTB*2 荧光引物	F：AGTTGCTTTGGCTCTTGCTCATCTG	qPCR
	R：AGTGGACTTGAGAAGCCCAAGAAGT	
*BvBTB*3 荧光引物	F：ACTCCGATTCTCTCTCCTCCATTGC	qPCR
	R：TCCATCGATCGGAGAACAAAGCAGA	
GAPDH 荧光引物	F：TGGAGAGGTGGAAGG	内参基因
	R：GTTGGAACACGGAA AGCC	
ITS-1 克隆引物	TCCTCCGCTTATTGATATGC	基因克隆
ITS-4 克隆引物	TCCGTAGGTGAACCTGCGG	基因克隆

表 8-2 总 RNA 反转录体系

试剂名称	使用量
5× FastKing-RT SuperMix	4 μL
总 RNA	50 ng~2 μg
RNase-FreeddH$_2$O	补足到 20 μL

表 8-3 总 RNA 反转录反应程序

反应温度/℃	反应时间/min	注意
42	15	去除基因组及反转录反应
95	3	酶灭活过程

（2）*BvBTB*1、*BvBTB*2、*BvBTB*3 基因 PCR 扩增

以 F85621 的 cDNA 为模板，扩增 *BvBTB* 的 CDS 序列。*BvBTB* 基因 PCR 扩增反应体系如表 8-4 所示。

表 8-4 *BvBTB* 基因 PCR 扩增反应体系

试剂名称	使用量	反应条件
PrimeSTAR Max Premix（2×）	25 μL	
上游引物	2 μL	98 ℃、10 s
下游引物	2 μL	54 ℃、58 ℃、62 ℃、15 s ⎫ 30~35 个循环
cDNA	2 μL（150~200 ng/μL）	72 ℃、1 min ⎭
ddH$_2$O	19 μL	

（3）甜菜尾孢菌 ITS 基因 PCR 扩增

ITS 基因 PCR 扩增反应体系如表 8-5 所示。

表 8-5　ITS 基因 PCR 反应体系

试剂名称	体积	反应条件	
PrimeSTAR Max Premix(2×)	25 μL		
上游引物	2 μL	98 ℃、10 s	
下游引物	2 μL	62 ℃、15 s	30 个循环
cDNA	2 μL(150~200 ng/μL)	72 ℃、1 min	
ddH₂O	19 μL		

（4）孢子悬浮液的制备

在已培养 14 d 且已鉴定甜菜尾孢菌的培养皿中加入 25 mL 无菌水，用手术刀刮除平皿内的孢子，经滤纸过滤后转移到灭菌的三角瓶中，振荡混匀，配制成母液。菌液稀释采用 10 倍稀释法，在显微镜下用血球计数板计数分生孢子，5 板重复。随后加入适量的无菌水并将分生孢子浓度稀释至 7×10^6 个/mL、1.6×10^7 个/mL 浓度，备用。孢子浓度按下式计算。

$$孢子浓度 = 每小格内孢子数平均值 \times 4 \times 10^6 \times 稀释倍数。 \tag{8-1}$$

（5）qPCR

基因相对表达量计算公式为 $2^{-\Delta\Delta Ct}$，内参基因是 *GAPDH*。qPCR 分析进行 3 次重复。qPCR 反应体系如表 8-6 所示。

表 8-6　qPCR 反应体系

试剂名称	使用量	反应条件	
TB Green Premix Ex Taq Ⅱ(2X)	10 μL	95 ℃、30 s	
上游引物	1 μL	95 ℃、5 s	
下游引物	1 μL	60 ℃、34 s	40 个循环
ROX Reference Dye	0.4 μL	95 ℃、15 s	
cDNA	2 μL	60 ℃、1 min	
灭菌水	补足至 20 μL	95 ℃、15 s	

8.3 结果与分析

8.3.1 甜菜 *BTB* 基因家族生物信息学分析

8.3.1.1 甜菜 *BTB* 基因家族编码蛋白质理化性质分析

甜菜 *BTB* 基因家族编码蛋白质理化性质分析如表 8-7 所示。49 个蛋白质的氨基酸个数为 139~1 120; *BVRB_* 007930 包含的氨基酸个数最多,为 1 120 个; *BVRB_3g*058930 包含的氨基酸个数最少,为 139 个;49 个蛋白质的等电点为 4.70~9.51。除 TAZ 亚家族与 NPH3 亚家族部分蛋白,其他家族等电点为 5.50~7.63,说明大多数都为酸性氨基酸。除 *BVRB_7g*159950、*BVRB_*005090 外,其他基因编码蛋白质平均亲水性指数为负值,说明甜菜 *BTB* 基因家族编码蛋白质大部分都是亲水性蛋白。49 个蛋白磷酸化位点总数为 3~25,不同蛋白质间磷酸化位点数目差异很大。亚细胞定位结果表明,大部分位于细胞核,剩余位于细胞膜和叶绿体。

表 8-7　甜菜 *BTB* 基因家族编码蛋白质理化性质分析

所属亚家族	基因 ID	氨基酸个数	分子量/Da	等电点	平均亲水性指数	磷酸化位点总数	亚细胞定位
NPH3	*BVRB_*007930	1 120	124 344.33	5.91	−0.054	19	细胞核
NPH3	*BVRB_9g*207600	539	61 016.48	6.68	−0.128	21	细胞核
NPH3	*BVRB_2g*043970	615	69 118.13	7.50	−0.351	17	细胞核
NPH3	*BVRB_6g*128050	625	69 336.13	7.54	−0.342	21	细胞核
NPH3	*BVRB_8g*189750	621	69 080.29	6.73	−0.256	25	细胞质
NPH3	*BVRB_6g*135110	1 076	121 968.26	5.99	−0.722	24	细胞核
NPH3	*BVRB_4g*081670	559	64 587.02	9.10	−0.258	13	细胞膜、细胞核
NPH3	*BVRB_9g*221680	695	78 041.64	6.88	−0.463	22	细胞膜
NPH3	*BVRB_5g*109820	581	64 659.37	8.18	−0.172	12	细胞膜、细胞核
NPH3	*BVRB_6g*127900	634	70 700.53	5.96	−0.185	15	细胞膜
NPH3	*BVRB_7g*164450	636	71 243.62	9.07	−0.292	15	细胞膜

续表

所属亚家族	基因 ID	氨基酸个数	分子量/Da	等电点	平均亲水性指数	磷酸化位点总数	亚细胞定位
NPH3	*BVRB_7g*167550	610	68 591.27	6.63	-0.327	23	细胞膜、细胞核
NPH3	*BVRB_7g*156670	617	69 170.43	6.00	-0.230	14	细胞膜
NPH3	*BVRB_8g*187520	633	70 328.87	5.74	-0.186	13	细胞膜
NPH3	*BVRB_2g*040100	688	77 064.40	5.64	-0.350	13	细胞膜、细胞核
NPH3	*BVRB_6g*128170	488	54 356.33	5.59	-0.301	11	细胞膜、细胞核
BACK	*BVRB_5g*099550	553	62 542.38	5.45	-0.265	9	细胞膜
BACK	*BVRB_1g*003710	556	63 262.61	5.04	-0.369	10	细胞膜、叶绿体
BACK	*BVRB_7g*159950	979	109 912.34	5.83	0.108	14	细胞核
BACK	*BVRB_1g*021120	805	92 660.66	5.95	-0.239	13	细胞膜
Arm	*BVRB_*005090	1 012	113 834.10	6.88	0.068	15	细胞膜、细胞核
Arm	*BVRB_7g*163130	709	78 749.50	6.14	-0.119	13	细胞核
Arm	*BVRB_*000890	698	76 505.03	6.13	-0.084	13	细胞核
Ank	*BVRB_3g*066940	579	65 936.09	5.03	-0.260	11	细胞核
Ank	*BVRB_*003000	852	94 602.62	5.88	-0.453	15	细胞核
Ank	*BVRB_3g*062440	498	54 630.81	6.25	-0.273	12	细胞核
Ank	*BVRB_8g*199180	604	67 346.96	5.92	-0.271	13	细胞核
MATH	*BVRB_7g*171670	398	43 963.04	5.72	-0.161	8	细胞核
MATH	*BVRB_5g*124160	407	45 011.67	7.16	-0.144	5	细胞核
MATH	*BVRB_5g*124170	405	45 130.50	5.98	-0.183	10	细胞核
MATH	*BVRB_2g*025440	420	46 565.10	5.98	-0.133	9	细胞核
TAZ	*BVRB_7g*176960	345	39 345.72	9.51	-0.323	5	细胞核
TAZ	*BVRB_6g*128090	388	44 262.78	9.28	-0.321	8	细胞膜、细胞核
TAZ	*BVRB_3g*058930	139	15 848.66	9.18	-0.340	3	细胞核
BTB-only	*BVRB_5g*109530	346	40 044.80	5.69	-0.330	8	细胞膜
BTB-only	*BVRB_4g*091080	329	37 346.66	5.87	-0.141	8	细胞膜
BTB-only	*BVRB_1g*010330	253	28 648.37	5.03	-0.313	8	细胞膜、细胞核
BTB-only	*BVRB_2g*029750	279	31 249.75	5.43	-0.238	5	细胞膜、细胞核
TPR	*BVRB_5g*119930	886	100 306.79	5.72	-0.204	22	细胞核
Other	*BVRB_2g*045380	484	53 608.10	5.35	-0.281	9	叶绿体
Other	*BVRB_5g*100390	462	50 633.03	5.38	-0.152	17	叶绿体
Other	*BVRB_4g*079080	558	63 105.92	6.56	-0.429	18	细胞核
Other	*BVRB_6g*138110	532	59 667.28	7.89	-0.434	16	叶绿体、细胞核

续表

所属亚家族	基因 ID	氨基酸个数	分子量/Da	等电点	平均亲水性指数	磷酸化位点总数	亚细胞定位
Other	*BVRB_5g*100210	585	65 875.73	6.59	−0.394	20	细胞核
Other	*BVRB_7g*174890	508	57 780.95	5.42	−0.359	16	细胞核
Other	*BVRB_*030350	181	20 565.56	5.03	−0.160	4	细胞膜、细胞核
Other	*BVRB_5g*098380	433	48 928.18	4.70	−0.008	13	细胞核
Other	*BVRB_5g*103650	436	48 921.07	4.93	−0.097	12	细胞核
Other	*BVRB_9g*217510	481	54 068.75	6.48	−0.165	24	细胞核

8.3.1.2 甜菜 *BTB* 基因家族编码蛋白质结构域与三级结构预测

如图 8-1 所示：甜菜 *BTB* 基因家族编码蛋白质除保守的 BTB 结构域外，还含有其他相似的结构域；BACK 亚家族除含有 BTB 结构域外，还包含 BACK 结构域；MATH 亚家族除含有 BTB 结构域外，还包含 MATH 结构域。三级结构预测结果（图 8-2）表明，甜菜 *BTB* 基因家族编码蛋白质以 α-螺旋和 β-折叠为主，不同亚家族的结构域数量存在差异。

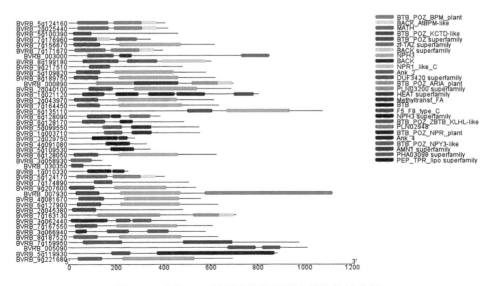

图 8-1 甜菜 *BTB* 基因家族编码蛋白质结构域分析

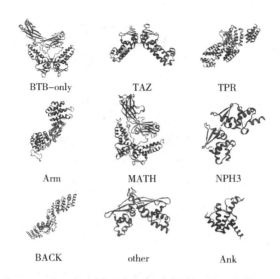

图 8-2　甜菜 *BTB* 基因家族编码蛋白质三级结构预测

8.3.1.3　甜菜 *BTB* 基因家族染色体定位

由图 8-3 可知：甜菜 *BTB* 基因家族成员呈不均匀分布，主要分布在 5、6、7 号染色体上；1、3、8 号染色体上分布的基因较少；5、6 号染色体上甜菜 *BTB* 基因家族成员呈区域性分布，主要集中在染色体上的某个区域。

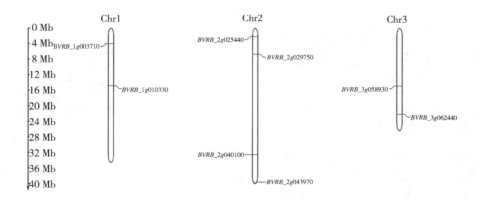

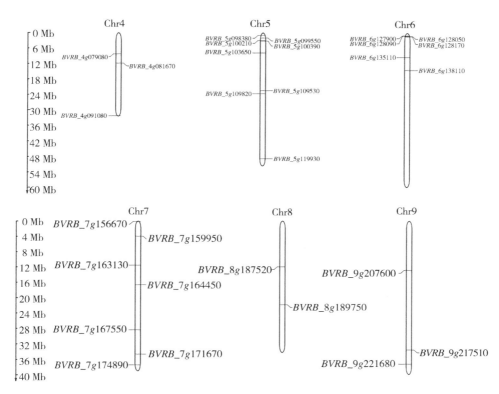

图 8-3　甜菜 *BTB* 基因家族染色体定位

8.3.1.4　甜菜 BTB 蛋白家族系统进化分析

如图 8-4 所示：甜菜 BTB 蛋白家族被分为 9 个亚家族，即 Ank、Arm、MATH、NPH3、BACK、TAZ、TPR、BTB-only、Other；在同一亚家族中，甜菜和拟南芥 BTB 蛋白家族成员数量差异较大；NPH3 亚家族的数量最多，包含 16 个甜菜 BTB 蛋白家族成员、30 个拟南芥蛋白家族成员；TPR 亚家族的数量最少，只包含 3 个拟南芥 BTB 蛋白家族成员、1 个甜菜 BTB 蛋白家族成员。

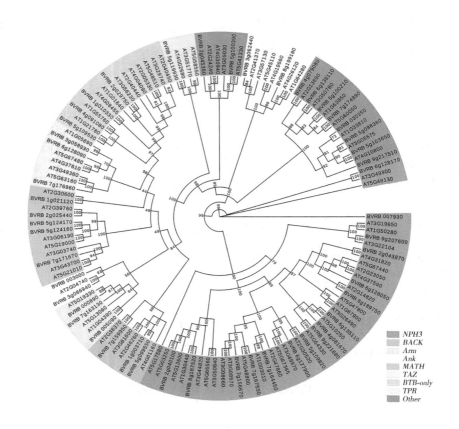

图 8-4　甜菜 BTB 蛋白家族系统进化分析

8.3.2　*BvBTB* 基因筛选

笔者获得了甜菜 *BTB* 基因家族中的 49 条基因,根据 49 条基因在 F85621 和 KWS9147 中对甜菜尾孢菌侵染反应的转录组数据进行分析,结果表明, *BvBTB*1、*BvBTB*2、*BvBTB*3 表达最显著。笔者对 *BvBTB*1、*BvBTB*2、*BvBTB*3 在 F85621 和 KWS9147 中的表达量进行分析,如图 8-5 所示:在 F85621 中, *BvBTB*1 表达量约为 *BvBTB*2 和 *BvBTB*3 表达量的 2 倍;在 KWS9147 中,*BvBTB*1 表达量约为 *BvBTB*2 的 1.8 倍,*BvBTB*1 表达量约为 *BvBTB*3 的 5.6 倍;*BvBTB*1、 *BvBTB*2、*BvBTB*3 在 F85621 中的表达量明显高于 KWS9147。

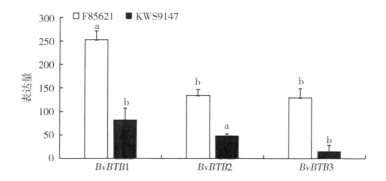

图 8-5　不同材料 *BvBTB* 基因表达量

注:不同小写字母代表 $p<0.05$。

8.3.3　甜菜褐斑病抗性相关 *BTB* 基因克隆

8.3.3.1　甜菜总 RNA 提取

甜菜总 RNA 电泳检测如图 8-6 所示。

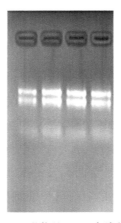

图 8-6　甜菜总 RNA 电泳检测

8.3.3.2 *BvBTB*1、*BvBTB*2、*BvBTB*3 基因 PCR 扩增

笔者找到 *BvBTB*1、*BvBTB*2、*BvBTB*3 的 Genbank 登录号,分别为 LOC104893395、LOC104883420、LOC104904361,得到 CDS 长度分别是 1 746 bp、2 097 bp、1 518 bp,根据 CDS 序列设计引物并进行 qPCR 扩增,各条带长度约为 1 000 bp[图 8-7(a)]、2 097 bp[图 8-7(b)]和 1 518 bp[图 8-7(c)]。

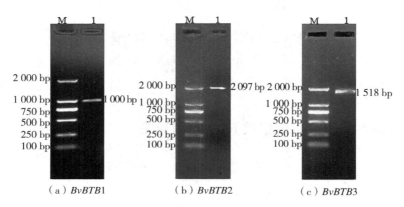

（a）*BvBTB*1　　　　　（b）*BvBTB*2　　　　　（c）*BvBTB*3

图 8-7　甜菜 *BvBTB*1、*BvBTB*2 和 *BvBTB*3 基因 PCR 扩增

注:M 为 DL2 000 DNA。

8.3.3.3 *BvBTB* 基因编码蛋白质理化性质分析

BvBTB 基因编码蛋白质理化性质分析如表 8-8 所示。*BvBTB*1 编码蛋白质有氨基酸 581 个,分子量为 64 659.37 Da,等电点为 8.18。*BvBTB*2 编码蛋白质有氨基酸 698 个,分子量为 76 505.03 Da,等电点为 6.13。*BvBTB*3 编码蛋白质有氨基酸 505 个,分子量为 56 998.36 Da,等电点为 8.34。*BvBTB*1、*BvBTB*2 和 *BvBTB*3 编码蛋白质均以无规则卷曲与 α-螺旋为主要二级结构,*BvBTB*1 和 *BvBTB*2 编码蛋白质亚细胞定位在细胞核和细胞质,*BvBTB*3 编码蛋白质亚细胞定位在细胞核。

表 8-8   *BvBTB* 基因编码蛋白质理化性质分析

基因名称	氨基酸个数	分子量/Da	等电点	二级结构	磷酸化位点总数	亚细胞定位
*BvBTB*1	581	64 659.37	8.18	α-螺旋占 60.59%，无规则卷曲占 30.81%	56	细胞核、细胞质
*BvBTB*2	698	76 505.03	6.13	α-螺旋 55.75%，无规则卷曲占 28.37%	44	细胞核、细胞质
*BvBTB*3	505	56 998.36	8.34	α-螺旋 57.62%，无规则卷曲占 32.67%	61	细胞核

8.3.3.4   *BvBTB* 基因编码蛋白质保守结构域

如图 8-8 所示：*BvBTB*1、*BvBTB*2、*BvBTB*3 编码蛋白质都有属于 BTB-POZ 蛋白家族特有的保守结构域 BTB；*BvBTB*1 编码蛋白质除 BTB 结构域外，还具有 NPH3 结构域；*BvBTB*2 编码蛋白质除 BTB 结构域外，还具有 8 个未知功能的 ARM 结构域；*BvBTB*3 编码蛋白质只有 BTB 结构域。

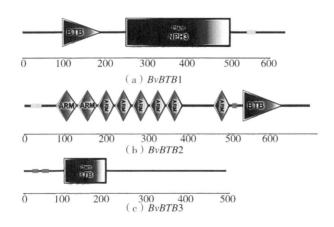

图 8-8   *BvBTB* 基因编码蛋白质保守结构域

8.3.3.5   *BvBTB* 基因顺式作用元件分析

笔者分析了 *BvBTB* 基因在转录起始位点上游 2 000 bp 的顺式作用元件及

在转录水平上的调控作用。*BvBTB* 中与光、防御、胁迫等相关的顺式作用元件参与植物逆境胁迫及防御。*BvBTB* 基因启动子区都包含与病原体防御有联系的最重要的核心元件 TGA；当病原体侵染植物时，*NPR*1 单体经核定位结构域的功能进入细胞核，和某些 TGA 转录因子发生直接互作，引发下游抗病基因的表达。*BvBTB*1、*BvBTB*2、*BvBTB*3 顺式作用元件分析如图 8-9 所示。

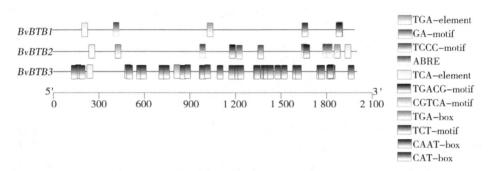

图 8-9　*BvBTB*1、*BvBTB*2 和 *BvBTB*3 基因顺式作用元件分析

8.3.4　*BvBTB* 基因表达分析

8.3.4.1　*BvBTB*1、*BvBTB*2、*BvBTB*3 在不同组织中的表达分析

笔者对 *BvBTB*1、*BvBTB*2 和 *BvBTB*3 在 F85621、KWS9147 根、叶的相对表达量进行分析，如图 8-10 所示：*BvBTB*1 在 F85621 叶中的相对表达量约为根的 17 倍，在 KWS9147 叶中的相对表达量约为根的 6 倍；*BvBTB*2 在 F85621 叶中的相对表达量约为根的 6.5 倍，在 KWS9147 叶中的相对表达量约为根的 2.2 倍；*BvBTB*3 在 F85621 叶中的相对表达量约为根的 5.8 倍，在 KWS9147 叶中的相对表达量约为根的 2 倍；*BvBTB*1、*BvBTB*2、*BvBTB*3 在 F85621 和 KWS9147 叶中的相对表达量显著高于根，*BvBTB*1、*BvBTB*2、*BvBTB*3 表达具有显著的组织特异性。

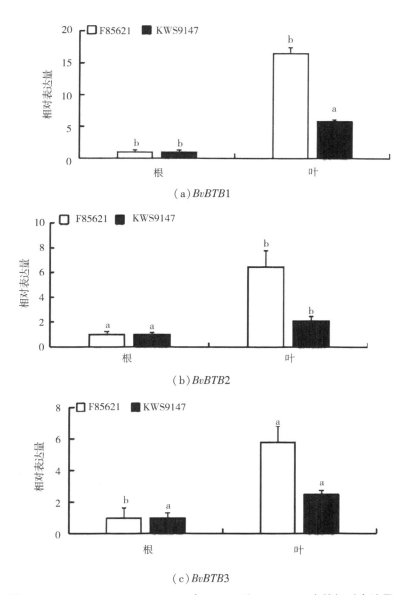

（a）*BvBTB*1

（b）*BvBTB*2

（c）*BvBTB*3

图 8-10　*BvBTB*1、*BvBTB*2、*BvBTB*3 在 F85621 和 KWS9147 中的相对表达量

8.3.4.2 *BvBTB*1、*BvBTB*2、*BvBTB*3 在叶中不同时间和不同浓度处理下的表达分析

笔者用孢子浓度分别为 $7×10^6$ 个/mL、$1.6×10^7$ 个/mL 的孢子悬浮液喷洒 F85621 和 KWS9147 叶片,于处理 0 h、120 h、168 h、216 h 取样,通过 qPCR 分析 F85621 和 KWS9147 叶中 *BvBTB*1、*BvBTB*2、*BvBTB*3 相对表达量。

*BvBTB*1、*BvBTB*2、*BvBTB*3 在叶中不同时间和不同浓度处理下的相对表达量如图 8-11 所示。随着处理时间的增加,*BvBTB*1、*BvBTB*2、*BvBTB*3 相对表达量呈先升高后降低的趋势,在 $7×10^6$ 个/mL、$1.6×10^7$ 个/mL 浓度下均在处理 120 h 达到峰值后下降,下降到与处理 0 h 的相对表达量相近。高孢子浓度下,F85621 叶中 *BvBTB*1、*BvBTB*2、*BvBTB*3 在处理 120 h 的相对表达量约为对处理 0 h 的 24 倍、10 倍、5 倍,KWS9147 叶中 *BvBTB*1、*BvBTB*2、*BvBTB*3 在处理 120 h 的相对表达量约为处理 0 h 的 10 倍、6 和 2 倍。*BvBTB*1 相对表达量高于 *BvBTB*2,*BvBTB*2 相对表达量高于 *BvBTB*3。*BvBTB*1、*BvBTB*2、*BvBTB*3 在高孢子浓度下的相对表达量显著高于低孢子浓度下的相对表达量。*BvBTB*1、*BvBTB*2、*BvBTB*3 在 F85621 中的相对表达量显著高于 KWS9147 中的相对表达量。

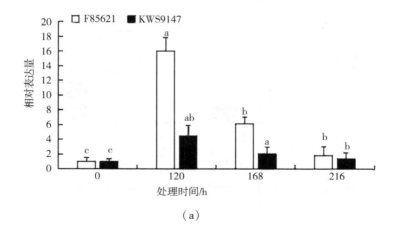

（a）

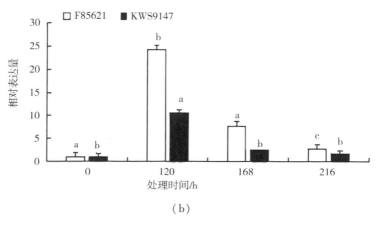

（b）

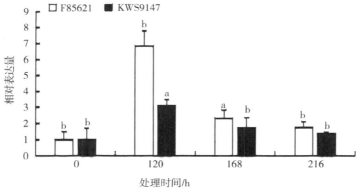

（c）

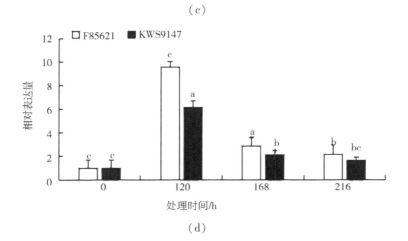

（d）

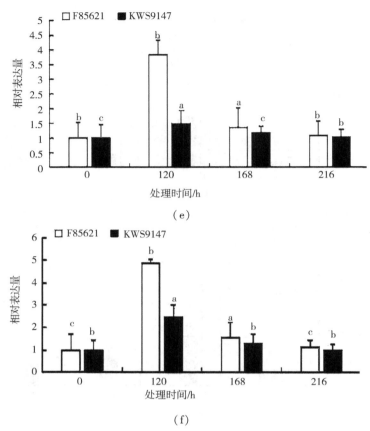

（e）

（f）

图 8-11　*BvBTB*1、*BvBTB*2 和 *BvBTB*3 在叶中不同时间
和不同浓度处理下的相对表达量

注：（a）用 $7×10^6$ 个/mL 的低孢子浓度的孢子悬浮液喷洒 F85621 和 KWS9147 后，
*BvBTB*1 在处理 0 h、120 h、168 h、216 h 时叶中的相对表达量；（b）用 $1.6×10^7$ 个/mL
的高孢子浓度的孢子悬浮液喷洒 F85621 和 KWS9147 后，*BvBTB*1 在处理 0 h、120 h、168 h、
216 h 时叶中的相对表达量；（c）用 $7×10^6$ 个/mL 的低孢子浓度的孢子悬浮液喷洒
F85621 和 KWS9147 后，*BvBTB*2 在处理 0 h、120 h、168 h、216 h 时叶中的相对表达量；（d）
用 $1.6×10^7$ 个/mL 的高孢子浓度的孢子悬浮液喷洒 F85621 和 KWS9147 后，*BvBTB*2
在处理 0 h、120 h、168 h、216 h 时叶中的相对表达量；（e）用 $7×10^6$ 个/mL 的
低孢子浓度的孢子悬浮液喷洒 F85621 和 KWS9147 后，*BvBTB*3 在处理 0 h、120 h、168 h、
216 h 时叶中的相对表达量；（f）用 $1.6×10^7$ 个/mL 的高孢子浓度的孢子悬浮液喷洒
F85621 和 KWS9147 后，*BvBTB*3 在处理 0 h、120 h、168 h、216 h 时叶中的相对
表达量；不同字母表示 $p<0.05$。

8.3.4.3　*BvBTB*1、*BvBTB*2、*BvBTB*3 在根中不同时间和不同浓度处理下的表达分析

笔者用孢子浓度为 7×10^6 个/mL 和 1.6×10^7 个/mL 的孢子悬浮液喷洒 F85621 和 KWS9147 叶片,于处理 0 h、120 h、168 h、216 h 取根,通过 qPCR 分析 F85621 和 KWS9147 根中 *BvBTB*1、*BvBTB*2 和 *BvBTB*3 相对表达量。

*BvBTB*1、*BvBTB*2 和 *BvBTB*3 在根中不同时间和不同浓度处理下的相对表达量如图 8-12 所示。随着处理时间的增加,*BvBTB*1、*BvBTB*2、*BvBTB*3 相对表达量趋势呈先升高后降低的趋势,最终与处理 0 h 的相对表达量相近。高孢子浓度下,*BvBTB*1、*BvBTB*2 和 *BvBTB*3 相对表达量在处理 120 h 时达到峰值后下降,F85621 根中 *BvBTB*1、*BvBTB*2 和 *BvBTB*3 在处理 120 h 的相对表达量约为处理 0 h 的 9.5 倍、4.3 倍、3.3 倍;KWS9147 根中 *BvBTB*1、*BvBTB*2、*BvBTB*3 在处理 120 h 的相对表达量约为处理 0 h 的 7 倍、3 倍、1.9 倍。*BvBTB*1 相对表达高于 *BvBTB*2,*BvBTB*2 相对表达量高于 *BvBTB*3。*BvBTB*1、*BvBTB*2、*BvBTB*3 在高孢子浓度下的相对表达量显著高于低孢子浓度下的相对表达量。*BvBTB*1、*BvBTB*2、*BvBTB*3 在 F85621 中的相对表达量显著高于 KWS9147 中的相对表达量。综上所述,喷洒孢子悬浮液后,在不同时间和不同浓度处理下,F85621 和 KWS9147 叶和根中 *BvBTB*1、*BvBTB*2 和 *BvBTB*3 相对表达量具有相似性。

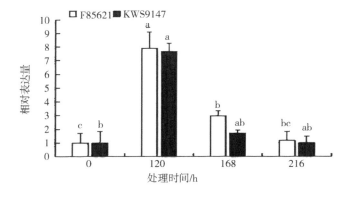

（a）

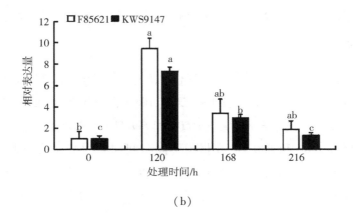

（b）

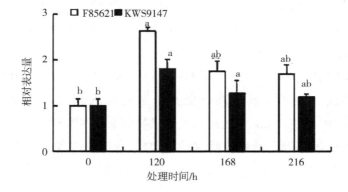

（c）

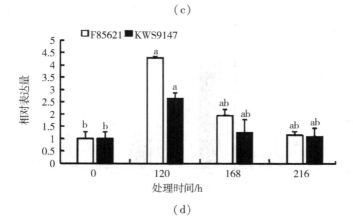

（d）

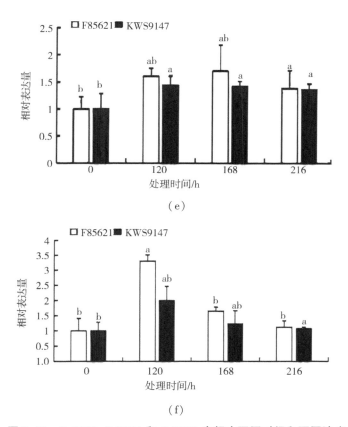

图 8-12　*BvBTB*1、*BvBTB*2 和 *BvBTB*3 在根中不同时间和不同浓度

处理下的相对表达量。

注：(a)用 $7×10^6$ 个/mL 的低孢子浓度的孢子悬浮液喷洒 F85621 和 KWS9147 后，*BvBTB*1 在处理 0 h、120 h、168 h、216 h 时根中的相对表达量；(b)用 $1.6×10^7$ 个/mL 的高孢子浓度的孢子悬浮液喷洒 F85621 和 KWS9147 后，*BvBTB*1 在处理 0 h、120 h、168 h、216 h 时根中的相对表达量；(c)用 $7×10^6$ 个/mL 的低孢子浓度的孢子悬浮液喷洒 F85621 和 KWS9147 后，*BvBTB*2 在处理 0 h、120 h、168 h、216 h 时根中的相对表达量；(d)用 $1.6×10^7$ 个/mL 的高孢子浓度的孢子悬浮液喷洒 F85621 和 KWS9147 后，*BvBTB*2 在处理 0 h、120 h、168 h、216 h 时根中的相对表达量；(e)用 $7×10^6$ 个/mL 的低孢子浓度的孢子悬浮液喷洒 F85621 和 KWS9147 后，*BvBTB*3 在处理 0 h、120 h、168 h、216 h 时根中的相对表达量；(f)用 $1.6×10^7$ 个/mL 的高孢子浓度的孢子悬浮液喷洒 F85621 和 KWS9147 后，*BvBTB*3 在处理 0 h、120 h、168 h、216 h 时根中的相对表达量；不同字母表示 $p<0.05$。

8.4　讨论与结论

8.4.1　讨论

8.4.1.1　*BvBTB* 基因介导的免疫防御反应在甜菜发育初期启动

研究表明,*BTB* 基因在植物幼苗期开始介入植物系统性获得抗性的创建,对植物广谱抗性至关重要。研究表明:在茭白膨大期间,与膨大初期相比,膨大后期茎部菰黑粉菌的数目明显增多;茭白的生长发育随菰黑粉菌的分布及数量变化。本研究表明,在相同孢子悬浮液浓度侵染同样时间下,*BvBTB*1、*BvBTB*2、*BvBTB*3 在 F85621 中的相对表达量显著高于 KWS9147 中的相对表达量,推测 F85621 在 *BvBTB* 基因介导的免疫防御反应在甜菜发育初期启动,这与茭白 *BTB* 基因介导的免疫防御反应在早期启动具有相似性。甜菜每年 4 月上旬播种,6 月下旬至 7 月上旬最先发病,发病期近 2 个月,猜想甜菜褐斑病发病是个循序渐进的进程,受甜菜内部因素及环境影响。7 月到 8 月为甜菜褐斑病盛期,甜菜尾孢菌在一个种植季节内有利的天气条件下完成几个无性繁殖周期;9 月中旬停止蔓延。本研究表明,高孢子浓度下,F85621 叶和根中 *BvBTB*1、*BvBTB*2、*BvBTB*3 相对表达量在处理 120 h 达到峰值,这与甜菜发病盛期相似,猜想在甜菜褐斑病爆发期,*BvBTB* 参与防御反应更强烈,*BvBTB* 防御反应在早期就开始启动。

8.4.1.2　*BvBTB*1、*BvBTB*2、*BvBTB*3 基因功能预测的合理性

研究表明,当拟南芥受到病原体侵染时,NPR1 蛋白质及其他蛋白质在核内选择地互作,从而使相关系统性获得抗性基因活跃。笔者对甜菜 *BTB* 基因家族进行初步的生物信息学分析,结果表明:*BvBTB* 编码蛋白质与其他已报道的 BTB 类蛋白的保守结构域皆有极高的共同性;*BvBTB* 编码蛋白质可能在细胞核中经过保守结构域和其他下游蛋白互作,引发抗病基因表达反应。本研究系统进化分析结果表明,高度保守且一样的 BTB 区域存在于甜菜与其他植物中的

BTB 蛋白质中,与植物归类结论和植物漫长的遗传进化过程中所得的结论相似,认定藜麦、菠菜与甜菜具有最高的同源性。研究表明,拟南芥中从属Ⅰ类的 TGA4 及 TGA1、从属Ⅱ类的 TGA5、TGA6 及 TGA2、从属Ⅲ类的 TGA7 及 TGA3,都能和 NPR1 进行互作关系。本研究中,*BvBTB* 基因都具有 TGA 启动子元件,推测 TGA 启动子元件与 *BvBTB* 发生互作。

8.4.1.3 *BvBTB*1、*BvBTB*2、*BvBTB*3 基因表达与甜菜尾孢菌的相关性

研究表明:在水稻中过量表达 *NPR*1 可以显著增强对白叶枯病的抗性;接种赤霉菌后,小麦 *TaNPRl* 能快速响应赤霉菌的诱导且 *TaNPRl* 上调表达,表明 *BTB* 基因家族在植物中对多种病菌的抗性普遍存在且抗性功能占重要地位;玉米被水稻黑条矮缩病毒感染后,*ZmNPR*1 基因迅速上调表达,在感染后期各部位也检测到 *ZmNPR*1 组成型表达;感染大豆疫霉孢子期间 *GmBTB/POZ* 在抗感品种中的表达先显著升高达到峰值,然后急剧下降,大豆抗病品种各部位中 *GmBTB* 表达水平远高于大豆感病品种各部位中的表达水平相比。本研究表明:*BvBTB*1 在各个时间的相对表达量高于 *BvBTB*2,*BvBTB*2 相对表达量高于 *BvBTB*3;高孢子浓度下,*BvBTB*1、*BvBTB*2、*BvBTB*3 相对表达量均高于低孢子浓度下的相对表达量,*BvBTB*1、*BvBTB*2、*BvBTB*3 在 F85621 中的相对表达量均高于 KWS9147 中的相对表达量;喷洒孢子悬浮液后,在不同时间和不同浓度处理下,F85621 和 KWS9147 叶和根中 *BvBTB*1、*BvBTB*2、*BvBTB*3 相对表达量具有相似性,推测 *BvBTB* 在抵抗甜菜褐斑病过程中扮演关键的角色且在发育中发挥关键功能。由甜菜尾孢菌引发的免疫应激响应可能在感染甜菜褐斑病初期时就出现了,*BvBTB* 的表达量变化与尾孢菌的数量和生长分布相关。相关 QTL 定位表明,甜菜褐斑病由多个数量性状基因调节且患病机理复杂。笔者获得了甜菜 *BvBTB* 基因的扩增条带,得到了甜菜尾孢菌诱导后的表达模式,这为深入研究甜菜褐斑病抗病机制奠定了基础。

8.4.2 结论

笔者获得了 49 个甜菜 *BTB* 基因家族成员,主要分布在 5、6、7 号染色体上。49 个基因家族编码蛋白质等电点为 4.70~9.51。甜菜 *BTB* 基因家族编码蛋白

质大部分是亲水性蛋白。甜菜 BTB 蛋白家族被分为 9 个亚家族;在同一亚家族中,甜菜和拟南芥 BTB 蛋白家族成员数量差异较大。笔者还筛选了对甜菜尾孢菌胁迫显著表达的 3 个 *BvBTB* 基因,即 *BvBTB*1、*BvBTB*2、*BvBTB*3。

　　笔者获得了 3 个基因(*BvBTB*1、*BvBTB*2、*BvBTB*3)的 Genbank 登录号,进行 qPCR 扩增,各条带长度约为 1 000 bp、2 097 bp、1 518 bp。*BvBTB*1 编码蛋白质有氨基酸 581 个,分子量为 64 659.37 Da,等电点为 8.18,包括磷酸化位点 56 个。*BvBTB*2 编码蛋白质有氨基酸 698 个,分子量为 76 505.03 Da,等电点为 6.13,包括磷酸化位点为 44 个。*BvBTB*3 编码蛋白质有氨基酸 505 个,分子量为 56 998.36 Da,等电点为 8.34,包括磷酸化位点 61 个。*BvBTB*1、*BvBTB*2 和 *BvBTB*3 编码蛋白质均以无规则卷曲与 α-螺旋为主要二级结构,*BvBTB*1 和 *BvBTB*2 编码蛋白质亚细胞定位在细胞核和细胞质,*BvBTB*3 编码蛋白质亚细胞定位在细胞核。

　　*BvBTB*1、*BvBTB*2、*BvBTB*3 基因在甜菜幼苗根、叶中均有表达且差异明显,存在组织特异性。笔者对甜菜幼苗进行甜菜尾孢菌侵染处理后,*BvBTB*1、*BvBTB*2、*BvBTB*3 均能快速对甜菜尾孢菌进行响应;喷洒孢子悬浮液后,在不同时间和不同浓度处理下,F85621 和 KWS9147 叶和根中 *BvBTB*1、*BvBTB*2、*BvBTB*3 相对表达量具有相似性。

参考文献

[1]DANGL J L,HORVATH D M,STASKAWICZ B J. Pivoting the plant immune system from dissection to deployment[J]. Science,2013,341(6147):746-751.

[2]SOOSAAR J,BURCH-SMITH T M,DINESH-KUMAR S P. Mechanisms of plant resistance to viruses[J]. Nature Reviews Microbiology,2005,3:789-798.

[3]CAO H,LI X,DONG X N. Generation of broad-spectrum disease resistance by overexpression of an essential regulatory gene in systemic acquired resistance [J]. Proceedings of the National Academy of Sciences, 1998, 95 (11): 6531-6536.

[4]HUANG J L,GU M,LAI Z B,et al. Functional analysis of the *Arabidopsis PAL* gene family in plant growth, development, and response to environmental stress

[J]. Plant Physiology,2010,153(4):1526-1538.

[5]FEDELE M,CRESCENZI E,CERCHIA L. The POZ/BTB and AT-Hook contaiー
ning zinc finger 1 (PATZ1) transcription regulator:physiological functions and
disease involvement[J]. International Journal of Molecular Sciences,2017, 18
(12):2524.

[6]ZHANG C Z,GAO H,LI R P,et al. GmBTB/POZ,a novel BTB/POZ domain-
containing nuclear protein,positively regulates the response of soybean to *Phyto-
phthora sojae* infection[J]. Molecular Plant Pathology,2019,20(1):78-91.

[7]FAN W H,DONG X N. In vivo interaction between NPR1 and transcription fac-
tor TGA2 leads to salicylic acid-mediated gene activation in *Arabidopsis*[J]. The
Plant Cell,2002,14(6):1377-1389.

[8]SPOEL S H,MOU Z L,TADA Y,et al. Proteasome-mediated turnover of the
transcription coactivator NPR1 plays dual roles in regulating plant immunity[J].
Cell,2009,137(5):860-872.

[9]MUKHTAR M S,NISHIMURA M T,DANGL J. NPR1 in plant defense:it's not
over 'til it's turned over[J]. Cell,2009,137(5):804-806.

[10]WANG D,WEAVER N D,KESARWANI M,et al. Induction of protein secretory
pathway is required for systemic acquired resistance[J]. Science, 2005, 308
(5724):1036-1040.

[11]BERBEE M L,PIRSEYEDI M,HUBBARD S. *Cochliobolus* phylogenetics and
the origin of know,highly virulent pathogens,inferred from ITS and glyceralde-
hyde-3-phosphate dehydrogenase gene sequences[J]. Mycologia, 1999, 91
(6):964-977.

[12]ISHIBASHI M,NAKAYAMA K,YEASMIN S,et al. A *BTB/POZ* gene,NAC-
1,a tumor recurrence-associated gene,as a potential target for taxol resistance
in ovarian cancer[J]. Clinical Cancer Research,2008,14(10):3149-3155.

[13]RANGEL L I,SPANNER R E,EBERT M K,et al. *Cercospora beticola*:the in-
toxicating lifestyle of the leaf spot pathogen of sugar beet[J]. Molecular Plant
Pathology,2020,21(8):1020-1041.

[14]SKARACIS G N,PAVLI O I,BIANCARDI E. *Cercospora* leaf spot disease of

sugar Beet[J]. Sugar Tech,2010,12:220-228.

[15]VEREIJSSEN J,SCHNEIDER J H M,JEGER M J. Epidemiology of cercospora leaf spot on sugar beet: modeling disease dynamics within and between individual plants[J]. Phytopathology,2007,97(12):1550-1557.

[16]LEIGH J W,BRYANT D. Popart:full-feature software for haplotype network construction[J]. Methods in Ecology and Evolution,2015,6:1110-1116.

[17]KHAN J,RIO L E D,NELSON R,et al. Survival,dispersal,and primary infection site for *Cercospora beticola* in sugar beet[J]. Plant Disease,2008,92(5): 741-745.

[18]BELKHADIR Y,SUBRAMANIAM R,DANGL J L. Plant disease resistance protein signaling:NBS-LRR proteins and their partners[J]. Current Opinion in Plant Biology,2004,7(4):391-399.

[19]DANGL J L,HORVATH D M,STASKAWICZ B J. Pivoting the plant immune system from dissection to deployment [J]. Science, 2013, 341 (6417): 746-751.

[20]SHEN K A,MEYERS B C,ISLAM-FARIDI M N,et al. Resistance gene candidates identified by PCR with degenerate oligonucleotide primers map to clusters of resistance genes in lettuce[J]. Molecular Plant Microbe Interactions,1998, 11(8):815-823.

[21]MCHALE L,TAN X P,KOEHL P,et al. Plant NBS-LRR proteins:adaptable guards[J]. Genome Biology,2006,7:212.

[22]TRUDGILL D L. Resistance to and tolerance of plant parasitic nematodes in plants[J]. Annual Review of Phytopathology,1991,29:167-192.

[23]SOOSAAR J L M,BURCH-SMITH T M,DINESH-KUMAR S P. Mechanisms of plant resistance to viruses[J]. Nature Reviews Microbiology,2005,3(10): 789-798.

[24]JENA K K,PASALU I C,RAO Y K,et al. Molecular tagging of a gene for resistance to brown planthopper in rice(*Oryza sativa* L.)[J]. Euphytica,2003, 129:81-88.

[25]LIU T L,YE W W,RU Y Y,et al. Two host cytoplasmic effectors are required

for pathogenesis of *Phytophthora sojae* by suppression of host defenses[J].
Plant Physiology,2011,155(1):490-501.

[26]周淼平,杨学明,姚金保,等.过量表达拟南芥 *NPR*1 基因提高小麦纹枯病的抗性[J].分子植物育种,2012,10(6):655-661.

[27]庄晓峰,董海涛,李德葆.水稻抗病性反应的 cDNA 微阵列分析及一个新基因 *OsBTB* 的发现[J].植物病理学报,2005,35(3):221-228.

[28]金晔.茭白茎部膨大前后应激响应的蛋白质组分析[D].杭州:中国计量学院,2015.

附　　录

附表 1　turquoise 模块中 NBS-LRR 类基因相关性统计表

序号	基因 ID	模块	kME 值
1	*BVRB_7g*168510	turquoise	0.955 27
2	*BVRB_7g*177740	turquoise	0.952 49
3	*BVRB_7g*168630	turquoise	0.943 13
4	*BVRB_4g*087170	turquoise	0.929 38
5	*BVRB_4g*087290	turquoise	0.928 89
6	*BVRB_7g*168540	turquoise	0.928 72
7	*BVRB_9g*215630	turquoise	0.927 07
8	*BVRB_7g*168480	turquoise	0.913 49
9	*BVRB_7g*168450	turquoise	0.903 98
10	*BVRB_5g*113940	turquoise	0.903 53
11	*BVRB_7g*168460	turquoise	0.902 93
12	*BVRB_7g*177720	turquoise	0.894 83
13	*BVRB_1g*013490	turquoise	0.891 01
14	*BVRB_4g*090940	turquoise	0.886 91
15	*BVRB_9g*203570	turquoise	0.885 06
16	*BVRB_1g*006970	turquoise	0.884 01
17	*BVRB_7g*168530	turquoise	0.863 58
18	*BVRB_3g*051340	turquoise	0.849 72
19	*BVRB_7g*168600	turquoise	0.847 93
20	*BVRB_3g*050340	turquoise	0.846 68
21	*BVRB_2g*031600	turquoise	0.846 47
22	*BVRB_7g*168590	turquoise	0.821 57
23	*BVRB_7g*168360	turquoise	0.815 02
24	*BVRB_3g*051370	turquoise	0.788 44
25	*BVRB_8g*199260	turquoise	0.778 20
26	*BVRB_4g*085310	turquoise	0.746 00
27	*BVRB_3g*057230	turquoise	0.727 54
28	*BVRB_7g*168410	turquoise	0.719 73
29	*BVRB_7g*168620	turquoise	0.700 83
30	*BVRB_7g*168470	turquoise	0.698 45
31	*BVRB_4g*087580	turquoise	0.687 17

续表

序号	基因 ID	模块	kME 值
32	*BVRB_7g168400*	turquoise	0. 680 34
33	*BVRB_7g158940*	turquoise	0. 674 92
34	*BVRB_1g020260*	turquoise	0. 584 21
35	*BVRB_4g087300*	turquoise	0. 541 68
36	*BVRB_7g168560*	turquoise	0. 540 54
37	*BVRB_4g088080*	turquoise	0. 514 82
38	*BVRB_7g158770*	turquoise	0. 408 74
39	*BVRB_3g051360*	turquoise	0. 396 08

注:kME 值表示模块基因的表达模式与模块特征基因之间的相关性;该值越大,表明该基因与该模块的相关性越大。

附表 2 基因信息及 qPCR 引物列表

基因 ID	上游引物	下游引物
BVRB_5g104050	AGACAAGCTCAACCAGCGAT	CTCCATTGACCAATTGTGCCT
BVRB_5g105880	CCTTCCCTCCTTCCTACCCA	AGGGGGTAGTGTGAAATGCG
BVRB_6g149890	TGAGAAGCGCAAAGAAAGGTTG	AGGTCCTTTGTAGGTGGAGGA
BVRB_7g169710	ACTATGGCTGATTGCAGAGAA	TTCTCGAGCTTTGTCCTCGG
BVRB_8g190750	GCCCCAAACCCAAAACCTAAC	AGCAATAGGCAGATCAGACACA
BVRB_9g222530	CGCTGGTTGGCCTTTTGTAG	TGAACAACCACACAATCCCCT
BVRB_9g222570	GGAGGTAGTGGTCCTGGTCT	CCACACACTTTGCCAGAAGC
GAPDH	GCTTTGAACGACCACTTCGC	ACGCCGAGAGCAACTTGAAC